U0218242

SketchUp Pro 2018 中文版
入门、精通与实战

程晓雷　孙传志　程晓航　编著

电子工业出版社

Publishing House of Electronics Industry

北京·BEIJING

内 容 简 介

在 BIM 建筑信息模型设计流程中，设计师们通常使用 SketchUp 进行复杂的建模，然后将其导入到 BIM 的另一软件中进行模型更改及图纸设计，这使得建筑设计师可更加轻松地完成各项复杂设计。

全书共 11 章，按照从 BIM 建模流程设计到行业应用，由 BIM 建模知识到项目方案及表现案例的顺序进行编排，详细介绍了使用 SketchUp Pro 2018 进行室内、建筑、园林景观设计的方法和技巧。

本书以精辟的软件技能＋方案实践＋效果表现的方式，将 AutoCAD、SketchUp 和 Revit 等软件的基于 BIM 建筑信息模型设计的学习方法一览无余地奉献给读者。

书中精心安排了几十个具有针对性的实例，不仅可以帮助读者轻松掌握软件的使用方法，应对建筑外观设计、园林景观设计、室内装修设计等实际工作的需要，更能使读者通过典型的应用实例体验真实的设计过程，从而提高工作效率。

本书结构清晰、内容翔实，可以作为高校建筑学、城市规划、环境艺术、园林景观等专业的教材，也可以作为建筑设计、园林设计、规划设计行业的从业人员的自学参考书。

未经许可，不得以任何方式复制或抄袭本书之部分或全部内容。

版权所有，侵权必究。

图书在版编目（CIP）数据

SketchUp Pro 2018 中文版入门、精通与实战 / 程晓雷，孙传志，程晓航编著 . —北京：电子工业出版社，2020.4
ISBN 978-7-121-38310-6

Ⅰ.①S… Ⅱ.①程… ②孙… ③程… Ⅲ.①建筑设计－计算机辅助设计－应用软件 Ⅳ.①TU201.4

中国版本图书馆 CIP 数据核字（2020）第 021762 号

责任编辑：田 蕾 特约编辑：刘红涛
印　　刷：三河市鑫金马印装有限公司
装　　订：三河市鑫金马印装有限公司
出版发行：电子工业出版社
　　　　　北京市海淀区万寿路173信箱　　邮编：100036
开　本：787×1092 1/16 印张：20.25 字数：522.4千字
版　次：2020年4月第1版
印　次：2020年4月第1次印刷
定　价：79.00元

SketchUp 是直接面向设计过程而开发的三维绘图软件，并且有一个响亮的中文名字：设计大师！它可以快速和方便地对三维创意进行创建、观察和修改。传统铅笔草图的优雅自如，现代数字科技的速度与弹性，通过 SketchUp 得到了完美结合，它可以算得上是电子设计中的"铅笔"。

目前在实际的工作中，多数设计师无法直接在电脑里进行构思并及时与业主交流，只好以手绘草图为主，原因很简单：几乎所有软件的建模速度都跟不上设计师的思路。SketchUp 的诞生解决了这一难题，SketchUp 是一款适合于设计师使用的软件，它操作简单，可以让用户专注于设计本身，让设计师的设计工作事半功倍，还能让设计师的设计构思和表达完美地结合起来。

本书内容

本书主要针对 SketchUp 2018 软件进行讲解，图文并茂，注重基础知识，删繁就简，贴近工程实际，把建筑设计、园林景观和室内设计等专业基础知识和软件操作技巧有机地融合到各个章节中。

全书共分为 11 章，按照从软件基础建模到行业设计，由基本知识到实战案例的顺序进行编排。书中包含大量实例，供读者巩固练习之用，各章主要内容介绍如下。

第 1 章：本章介绍 SketchUp Pro 2018 软件的建模设计及行业应用概述。

第 2 章：本章介绍 SketchUp Pro 2018 的基本建模功能指令的建模设计应用。

第 3 章：本章主要介绍 SketchUp 的建筑模型的辅助设计功能，其主要作用是对模型进行不同的编辑操作，并与实例进行结合。SketchUp 辅助设计工具包括主要工具、建筑施工工具、测量工具、相机工具、漫游工具、截面工具、视图工具、样式工具和构造工具等。

第 4 章：本章将介绍 SketchUp 对象的操作、编辑与基本设置功能，主要是菜单栏中【编辑】菜单中的一些命令，包括材质、组件、群组、风格、图层、场景、雾化和柔化边线、照片匹配和模型信息命令，主要是对模型在不同情况进行不同的设置。

第 5 章：本章主要介绍 SketchUp 中常见的建筑、园林、景观小品的设计方法，并以真实的设计图来表现模型在日常生活中的应用。

第 6 章：本章介绍 SketchUp 在地形场景中的设计应用。

第 7 章：本章主要介绍 SketchUp 材质与贴图在建筑模型中的应用。材质组成大致包括：颜色、纹理、贴图、漫反射和光泽度、反射与折射、透明与半透明、自发光。材质在 SketchUp 中应用广泛，它可以将一个普通的模型添加上丰富多彩的材质，使模型展现得更生动。

第 8 章：本章主要介绍 VRay for SketchUp 2018 渲染器。这个渲染器能与 SketchUp 完美地结合，渲染出高质量的图片效果。

第 9 章：本章通过两种不同的建筑规划设计方案，详解 SketchUp 建模流程与效果表现。

第 10 章：本章介绍如何利用 SketchUp 进行室内装修设计，设计一个现代温馨的客厅效果。

第 11 章：SketchUp 在园林设计过程中，能模拟环境配置，能将地形、路面、水体、植物等准确地表现出来，以一个直观的设计呈现给客户，表现形式非常灵活及实用。

本书特点

书中精心安排了几十个具有针对性的实例，不仅可以帮助读者轻松掌握软件的使用方法，应对建筑外观设计、园林景观设计、室内装修设计等实际工作的需要，更能使读者通过典型的应用实例体验真实的设计过程，从而提高工作效率。

本书可以作为高校建筑学、城市规划、环境艺术、园林景观等专业的教材，也可以作为建筑设计、园林设计、规划设计行业从业人员的自学参考书。

作者信息

本书由大连财经学院高职学院环艺系的程晓雷、孙传志老师及北京国际建设集团有限公司的程晓航编写。

感谢您选择了本书，希望我们的努力对您的工作和学习有所帮助。

由于作者水平有限，加之时间仓促，书中不足和错误在所难免，恳请各位朋友和专家批评指正！

版权声明

本书所有权归属电子工业出版社。未经同意，任何单位或个人不得将本书内容及视频作其他商业用途，否则依法必究！

读者服务

读者在阅读本书的过程中如果遇到问题，可以关注 "有艺"公众号，通过公众号与我们取得联系。此外，通过关注"有艺"公众号，您还可以获取更多的新书资讯、书单推荐、优惠活动等相关信息。

扫一扫关注"有艺"

资源下载方法：关注"有艺"公众号，在"有艺学堂"的"资源下载"中获取下载链接，如果遇到无法下载的情况，可以通过以下三种方式与我们取得联系：

1. 关注"有艺"公众号，通过"读者反馈"功能提交相关信息；
2. 请发邮件至 art@phei.com.cn，邮件标题命名方式：资源下载+书名；
3. 读者服务热线：（010）88254161~88254167 转 1897。

投稿、团购合作：请发邮件至 art@phei.com.cn。

视频教学

随书附赠 46 集实操教学视频，扫描下方二维码关注公众号即可在线观看全书视频（扫描每一章章首的二维码可在线观看相应章节的视频）。

全书视频

CONTENTS

CONTENTS

CONTENTS

CHAPTER 1

SketchUp Pro 2018
设计入门

本章导读

本章主要介绍 SketchUp Pro 2018 软件基础知识、环境艺术概述及环境艺术设计，带领大家快速进入 SketchUp 世界。

学习要点

- ☑ SketchUp 软件概述
- ☑ SketchUp 的行业应用
- ☑ SketchUp Pro 2018 工作界面
- ☑ 视图操作
- ☑ 对象的选择方法

扫码看视频

1.1 SketchUp 软件概述

SketchUp 是一套直接面向设计方案创作过程的设计工具,其创作过程不仅能够充分表达设计师的思想,而且完全能够满足与客户即时交流的需要。它方便设计师直接在计算机上进行十分直观的构思,是三维建筑设计方案创作的优秀工具。SketchUp 是一款极受欢迎并且易于使用的 3D 设计软件,官方网站将它比喻为电子设计中的"铅笔"。

SketchUp 的开发公司@Last Software 成立于 2000 年,虽然规模小,却以 SketchUp 闻名,在 2006 年 3 月 15 日被 Google 收购,所以 SketchUp 又被称为 Google SketchUp。Google 收购 SketchUp 是为了增强 Google Earth 功能,让使用者可以利用 SketchUp 建造 3D 模型并放入 Google Earth 中,使得 Google Earth 所呈现的地图更具立体感,更接近真实的世界。使用者更可以通过一个名为 Google 3D Warehouse 的网站寻找与分享各式各样的利用 SketchUp 建造的 3D 模型。2011 年,使用者利用 SketchUp 构建了 3000 万个模型,SketchUp 在 Google 经过多次更新并呈指数式增长,涉足领域太多,从广告到社交网络,让更多的人知道了 SketchUp 有这样一项技术。

目前,Google 已将 SketchUp Pro 出售给 TrimbleNavigation。本书使用目前最新的 SketchUp Pro 2018 中文版,全新版本的 SketchUp 改进了大模型的显示速度(LayOut 中的矢量渲染速度提升了 10 倍多),并且有更强的阴影效果。

如图 1-1 所示为使用 SketchUp Pro 2018 建立的大型 3D 场景模型。

如图 1-2 所示为使用 SketchUp Pro 2018 渲染的室内建筑设计模型。

图 1-1 大型 3D 场景模型

图 1-2 渲染的室内设计模型

1.1.1 SketchUp Pro 2018 的特点

1. 简洁的操作界面

SketchUp Pro 2018 的界面一如既往地沿袭了 SketchUp 的经典简洁界面,所有功能都可以通过界面菜单与工具按钮在操作界面内完成。对于初学者来说,可以很快上手;对于成熟的设计师来说,不用再受软件复杂的操作束缚,而专心于设计。如图 1-3 所示为 SketchUp Pro 2018 向导界面,如图 1-4 所示为操作界面。

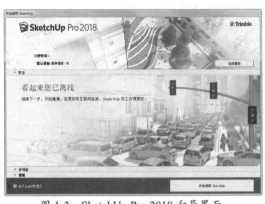

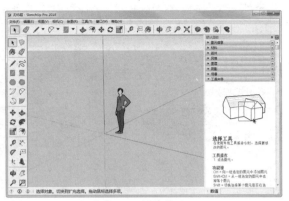

图 1-3　SketchUp Pro 2018 向导界面　　　　　　图 1-4　操作界面

2. 直观的显示效果

在使用 SketchUp 进行设计创作时，可以实现"所见即所得"，即在设计过程中的任何阶段，都可以采用三维的方式展示成品，并能以不同的风格显示，因此，设计师在进行项目创作时，可以与客户直接进行交流。如图 1-5 和图 1-6 所示为模型的不同显示风格。

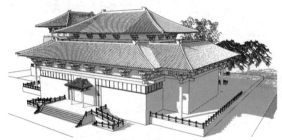

图 1-5　单色阴影显示风格　　　　　　图 1-6　阴影纹理显示风格

3. 全面的软件支持与互换

SketchUp 不仅能在模型建立上满足建筑制图高精度的要求，完美地结合 VRay、Artlantis 渲染器，渲染出高质量的效果图，还能与 AutoCAD、Revit、3ds Max、Piranesi 等软件结合使用，快速导入和导出 DWG、DXF、JPG、3DS 格式的文件，实现方案构思，使效果图与施工图绘制完美结合。如图 1-7 所示为 VRay 渲染效果，如图 1-8 所示为 Piranesi 彩绘效果。

图 1-7　VRay 渲染效果　　　　　　图 1-8　Piranesi 彩绘效果

4. 强大的推拉功能

方便的推拉功能能让设计师将一个二维平面图快速方便地生成 3D 几何体，无须进行复杂的三维建模。如图 1-9 所示为二维平面，如图 1-10 所示为三维模型。

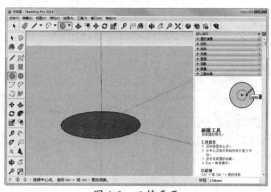

图 1-9　二维平面

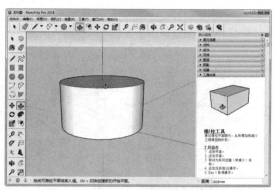

图 1-10　三维模型

5. 自主的二次开发功能

SketchUp 可以通过 Ruby 语言自主性地开发一些插件，全面提升了 SketchUp 的使用效率。如图 1-11 所示为建筑插件，如图 1-12 所示为细分/光滑插件。

图 1-11　建筑插件

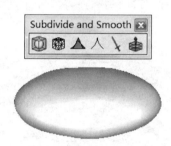

图 1-12　细分/光滑插件

1.1.2　安装和运行 SketchUp 的系统需求

和许多计算机程序一样，需要满足特定的硬件和软件要求才能安装和运行 SketchUp，推荐配置如下。

1. 软件配置

- Windows 7/8/10。
- IE 8.0 或更高版本。
- .NET Framework 4.0 或更高版本。

提示：

SketchUp 可在 64 位版本的 Windows 上运行，但会作为 32 位应用程序运行。

2. 硬件配置

- 2GHz 以上的处理器。
- 4GB 以上的内存。
- 500MB 可用硬盘空间。
- 512MB 以上的 3D 显卡，请确保显卡驱动程序支持 OpenGL 1.5 或更高版本。
- 三键滚轮鼠标。

● 某些 SketchUp 功能需要有效的互联网连接。

1.1.3　SketchUp 的历史版本

SketchUp 版本的更新速度很快，真正进入中国市场的版本是 SketchUp 3.0。每个版本的 SketchUp 初始界面都会有一定变化，SketchUp 6.0、SketchUp 7.0、SketchUp 8.0、SketchUp Pro 2015、SketchUp Pro 2016、SketchUp Pro 2018 的初始界面分别如图 1-13、图 1-14、图 1-15、图 1-16、图 1-17、图 1-18 所示。

图 1-13　SketchUp 6.0 界面

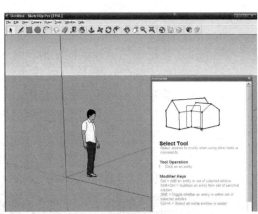

图 1-14　SketchUp 7.0 界面

图 1-15　SketchUp 8.0 界面

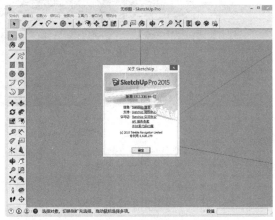

图 1-16　SketchUp Pro 2015 界面

图 1-17　SketchUp Pro 2016 界面

图 1-18　SketchUp Pro 2018 界面

1.2 SketchUp 的行业应用

SketchUp 是一款直观地面向设计师，注重设计创作过程的软件，全球很多建筑工程企业和大学几乎都会使用它来进行创作。SketchUp 与环艺设计两者紧密联系，使原本单一的设计变得丰富多彩，能产生很多让人意想不到的设计效果。例如，在建筑设计、城市规划、室内设计、景观设计、园林设计中，都体现了环艺设计的作用。

1.2.1 建筑设计

建筑设计是指在建造建筑物之前，设计者按照建设任务，事先设想施工过程中存在的或可能发生的问题，拟订好解决这些问题的办法、方案，用图纸和文件表达出来，并使建成的建筑物能充分满足使用者和广大社会所期望的各种要求。总之，建筑设计是一种需要有预见性的工作，要尽可能地预见到可能发生的各种问题。

SketchUp 主要用于建筑设计的方案阶段，在这个阶段需要建立一个大致模型，然后通过这个模型来看出建筑体量、尺度、材质、空间等一些细节的构造。

如图 1-19、图 1-20 所示为利用 SketchUp 建立的建筑模型。

图 1-19　建筑模型 1　　　　　　　　　　　　图 1-20　建筑模型 2

1.2.2 城市规划

城市规划是指研究城市的未来发展、城市的合理布局和综合安排城市各项工程建设的综合部署，是一定时期内城市发展的蓝图。SketchUp 可以设置特定的经纬度和时间，模拟城市规划中的环境、场景配置，并赋予环境真实的日照效果。

如图 1-21、图 1-22 所示为利用 SketchUp 建立的规划模型。

图 1-21　规划模型 1　　　　　　　　　　　　图 1-22　规划模型 2

1.2.3　室内设计

室内设计是指为满足一定的建造目的而进行的准备工作，是对现有的建筑物内部空间进行深加工的增值准备工作，从而创造出功能合理、舒适优美、满足人们物质和精神生活需要的室内环境。

SketchUp 在室内设计中的应用范围越来越广，能快速地制作出室内三维效果图，如室内场景、室内家具建模等。

如图 1-23、图 1-24 所示为利用 SketchUp 建立的室内设计模型。

图 1-23　室内设计模型 1　　　　　　　　　　图 1-24　室内设计模型 2

1.2.4　景观设计

景观设计是一门建立在广泛的自然科学和人文与艺术学科基础上的应用学科。主要是指对土地及土地上的空间和物体的设计，把人类向往的大自然表现出来。

在景观设计中，SketchUp 可以构建地形高差方面的直观效果，而且有大量丰富的景观素材和材质库，在景观设计领域应用最为普遍。

如图 1-25、图 1-26 所示为利用 SketchUp 创建的景观模型。

图 1-25　景观模型 1　　　　　　　　　　　　图 1-26　景观模型 2

1.2.5　园林设计

园林设计是一门研究如何利用艺术和技术手段，处理自然、建筑和人类活动之间复杂的关系，达到和谐完美、生态良好、景色如画之境界的学科。它包括的范围很广，如庭园、宅园、小游园、花园、公园以及城市街区等。其中，公园设计内容比较全面，具有园林设计的典型性。

在园林设计中，SketchUp 功能非常强大，为设计师提供了大量丰富的组件，在一定程度上提高了设计的工作效率和成果质量。

如图 1-27、图 1-28 所示为利用 SketchUp 创建的园林模型。

图 1-27 园林模型 1 　　　　　　　　　图 1-28 园林模型 2

1.3 SketchUp Pro 2018 工作界面

SketchUp 的操作界面简洁、明了，即使不是专业设计方面的人也能轻易上手，是极受设计师欢迎的三维设计软件，在当今社会，无论是大学校园、设计院、设计公司，80%的人都会使用这款软件。

1.3.1 启动主界面

完成软件正版授权后，即可使用授权的 SketchUp Pro 2018 了，否则只能使用具有一定期限的试用版。

在获得授权许可的 SketchUp Pro 2018 使用向导窗口中单击 选择模板 按钮，弹出系统默认的模板类型，选择"建筑设计-毫米"模板（也可选择通用模板"简单模板-米"），单击 开始使用 SketchUp 按钮，即可启动 SketchUp Pro 2018 应用程序，如图 1-29 所示。

图 1-29 启动 SketchUp Pro 2018 应用程序

提示：

向导窗口是启动软件程序时默认自动显示的。用户可以选中或取消选中【始终在启动时显示】复选框来控制向导窗口的显示与否。当然，也可以在 SketchUp 操作界面中重新开启向导窗口的显示，选择菜单栏中的【帮助】|【欢迎使用 SketchUp】命令，会再次弹出向导窗口，选中【始终在启动时显示】复选框即可。

如图 1-30 所示为 SketchUp Pro 2018 操作主界面。

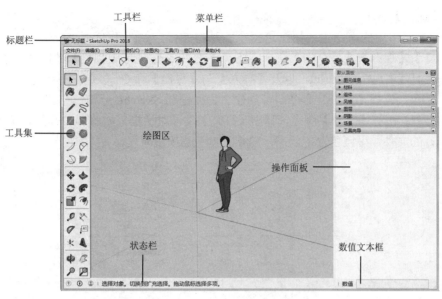

图 1-30　SketchUp Pro 2018 操作主界面

1.3.2　主界面介绍

主界面主要是指绘图窗口，主要由标题栏、菜单栏、工具栏、绘图区、状态栏和数值控制栏等组成。

- 标题栏——在绘图窗口顶部，右边是【关闭】、【最小化】、【最大化】按钮，左边为【无标题 - SketchUp Pro 2018】，说明当前文件还没有进行保存。
- 菜单栏——在标题栏下面，默认菜单包括【文件】、【编辑】、【视图】、【相机】、【绘图】、【工具】、【窗口】和【帮助】。
- 工具栏——在菜单栏下面，左边是标准工具栏，包括【新建】、【打开】、【保存】、【剪切】等按钮，右边属于自选工具，可以根据需要自由添加。
- 绘图区——创建模型的区域，绘图区的 3D 空间通过绘图轴识别，绘图轴是 3 条互相垂直且带有颜色的直线。
- 状态栏——位于绘图区左下面，左端是命令提示和 SketchUp 的状态信息，这些信息会随着绘制的内容而改变，主要是对命令的描述。
- "数值"文本框——位于绘图区右下面，可以显示绘图区中图形的尺寸信息，也可以输入相应的数值。
- 工具集：工具集放置建模时所需的其他工具。例如，在菜单栏中选择【视图】|【工具栏】命令，打开【工具栏】对话框。选中建模所需的工具，单击【确定】按钮，即可添加所需的工具，再将工具拖到左侧的工具集中即可。
- 操作面板：操作面板是用来对场景中的几何对象、材料、组件、样式、图层、阴影及场景等进行属性设置及参数修改的操作区域。

1. SketchUp 的菜单栏

SketchUp 的菜单栏中包括对模型文件的所有基本操作命令，主要包括【文件】菜单、【编辑】菜单、【视图】菜单、【相机】菜单、【绘图】菜单、【工具】菜单、【窗口】菜单和【帮助】菜单。

（1）【文件】菜单

【文件】菜单中的命令主要用于选择一些基本操作，如图 1-31 所示。除了常用的【新建】、【打开】、【保存】、【另存为】命令，还有【在 Google 地球中预览】、【地理位置】、建筑模型制作工具【3D Warehouse】，以及【导入】与【导出】命令。

● 新建：选择【新建】命令即可创建名为"标题-SketchUp"的新文件。

● 打开：选择【打开】命令，弹出【打开】文件对话框，如图 1-32 所示，单击你想打开的文件，呈蓝色选中状态，单击 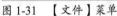 按钮即可。

图 1-31 【文件】菜单

图 1-32 打开 SketchUp 模型文件

● 保存：选择【文件】|【保存】|【另存为】命令，将当前文件进行保存。

● 另存为模板：是指按自己的意愿将设计模板进行保存，以方便每次启动程序时选择自己设计的模板，而不用选择默认模板。如图 1-33 所示为【另存为模板】对话框。

● 发送到 LayOut：SketchUp Pro 2018 发布了增强布局的 LayOut 2018 功能，选择该命令可以将场景模型发送到 Lay Out 中进行图纸布局与标注等操作。

● 地理位置：先给当前模型添加地理位置，如图 1-34 所示，再选择【在 Google 地球中预览】模型命令。

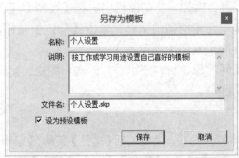

图 1-33 【另存为模板】对话框

图 1-34 在 Google 地球中预览/地理位置

● 3D Warehouse（模型库）：选择【获取模型】命令，可以在 Google 官网在线获取所需要的模型，然后直接下载到场景中，对于设计者来说非常方便；选择【共享模型】命令，可以在 Google 官网注册一个账号，将自己的模型上传，与全球用户共享；选择【分享组件】命令，可以将用户创建的组件模型上传到网络，与其他用户分享。如图 1-35 所示为获取 3D 模型的网页界面。

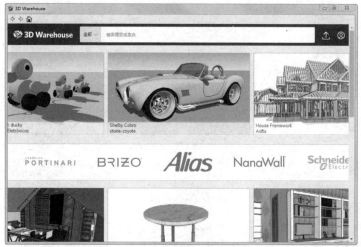

图 1-35　获取 3D 模型

● 导入：SketchUp 可以导入*.dwg 格式的 Auto CAD 图形文件、*.3ds 格式的三维模型文件,以及*.jpg、*bmp、*.psd 等格式的文件，如图 1-36 所示。

● 导出：SketchUp 可以导出三维模型、二维图形、剖面、动画等，如图 1-37 所示。

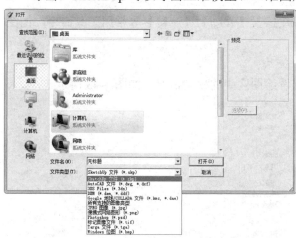

图 1-36　导入其他格式的文件

图 1-37　导出文件

（2）【编辑】菜单

主要用于对所绘制的模型进行编辑。包括常用的【复制】、【粘贴】、【剪切】、【还原】、【重做】命令，以及【原位粘贴】、【删除导向器】、【锁定】、【创建组件】、【创建组】、【相交（I）平面】等命令，如图 1-38 所示。

（3）【视图】菜单

主要是用于更改模型的显示状态。包括【工具栏】、【场景标签】、【隐藏几何图形】、【截面】、【截面切割】、【轴】、【导向器】、【阴影】、【雾化】、【边线样式】、【正面样式】、【组件编辑】、【动画】等命令，如图 1-39 所示。

（4）【相机】菜单

【相机】菜单中主要包括用于更改模型视点的一些命令，如图 1-40 所示。

图 1-38　【编辑】菜单　　　　　图 1-39　【视图】菜单　　　　　图 1-40　【相机】菜单

（5）【绘图】菜单

【绘图】菜单中包括【直线】、【圆弧】、【徒手画】、【矩形】、【圆】、【多边形】命令，如图 1-41 所示。

（6）【工具】菜单

【工具】菜单中包括【选择】、【橡皮擦】、【移动】、【旋转】等常用工具命令，如图 1-42 所示。

（7）【窗口】菜单

【窗口】菜单中的命令主要用于查看绘图区中的模型情况，如图 1-43 所示。

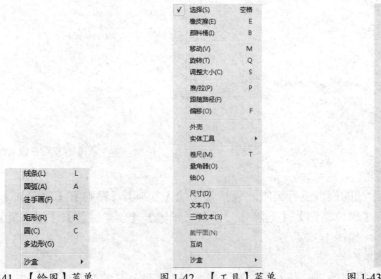

图 1-41　【绘图】菜单　　　　　图 1-42　【工具】菜单　　　　　图 1-43　【窗口】菜单

1.4   视图操作

在使用 SketchUp 进行方案推敲的过程中，常需要通过视图切换、缩放、旋转、平移等操作，确定模型的创建位置或观察当前模型在各个角度的细节。这就要求用户必须熟练掌握 SketchUp 视图操作的方法与技巧。

1.4.1   切换视图

在创建模型的过程中，通过单击 SketchUp【视图】工具栏中的 6 个按钮，切换视图方向。【视图】工具栏如图 1-44 所示。

图 1-44   【视图】工具栏

如图 1-45 所示为 6 个标准视图的预览情况。

SketchUp 视图包括平行投影视图、透视图和两点透视图。如图 1-45 所示的 6 个标准视图就是平行投影视图的具体表现，如图 1-46 所示为某建筑物的透视图和两点透视图。

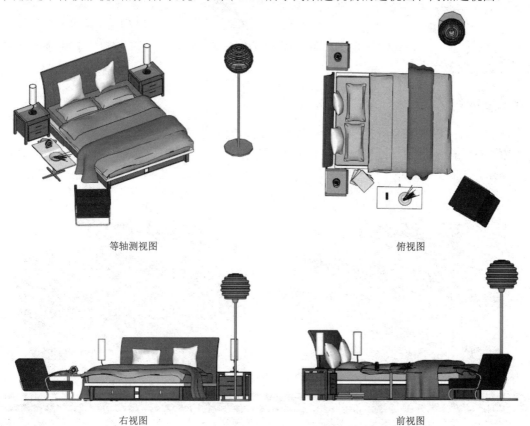

等轴测视图   俯视图

右视图   前视图

图 1-45   6 个标准视图

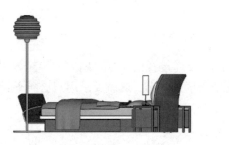

后视图

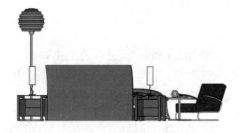

左视图

图 1-45　6 个标准视图（续）

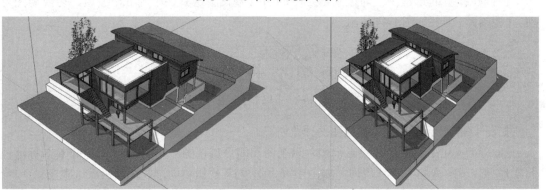

图 1-46　某建筑物的透视图（左）和两点透视图（右）

要得到平行投影视图或透视图，可在菜单栏中选择【相机】|【平行投影】命令或【相机】|【透视图】命令。

1.4.2　环绕观察

环绕观察可以观察全景模型，给人以全新的、真实的立体感受。在工具集中单击【环绕观察】按钮，然后在绘图区按住鼠标左键拖动，可以以任意空间角度观察模型，如图 1-47 所示。

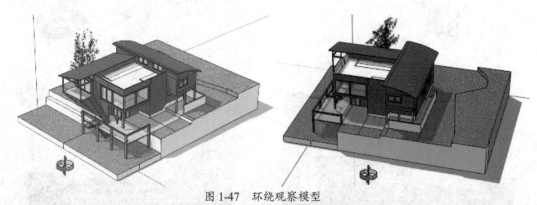

图 1-47　环绕观察模型

提示：

用户也可以按住鼠标中键不放，然后拖动模型进行环绕观察。如果使用鼠标中键双击绘图区某处，会将该处旋转置于绘图区中心。这个技巧同样适用于"平移"工具和"实时缩放"工具。按住 Ctrl 键的同时旋转视图能使竖直方向的旋转更流畅。利用页面保存常用视图，可以减少"环绕观察"工具的使用。

1.4.3　平移和缩放

平移和缩放是模型视图的常见基本操作。

单击工具集中的【平移】工具按钮 ，可以拖动视图至绘图区的不同位置。平移视图其实就是平移相机位置。如果视图本身为平行投影视图，那么无论将视图平移到绘图区何处，模型视角不会发生改变，如图 1-48 所示。若视图为透视图，那么将视图平移到绘图区不同位置，视角会发生如图 1-49 所示的改变。

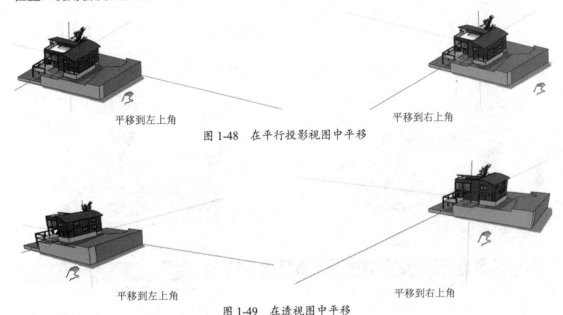

平移到左上角　　　　　　　　　　　　　　　　平移到右上角

图 1-48　在平行投影视图中平移

平移到左上角　　　　　　　　　　　　　　　　平移到右上角

图 1-49　在透视图中平移

缩放操作包括缩放相机视野和缩放窗口。缩放相机视野是缩放整个绘图区内的视图，利用【缩放】工具 ，在绘图区上下拖动鼠标，可以缩小视图或放大视图，如图 1-50 所示。

图 1-50　缩放视图

1.5　对象的选择方法

在制图过程中，经常需要选择相应的物体，因此必须熟练掌握选择物体的方式。SketchUp 常用的选择方式有一般选择、窗选与窗交。

1.5.1　一般选择

【选择】工具可以通过单击【主要】工具栏中的【选择】按钮 ，或直接按空格键激活，下面通过实例操作进行说明。

源文件：\Ch01\休闲桌椅组合 2.skp

① 启动 SketchUp Pro 2018。单击【标准】工具栏中的【打开】按钮 ，然后打开【\源文件\Ch01\休闲桌椅组合.skp】模型，如图 1-51 所示。

② 单击【主要】工具栏中的【选择】按钮 ，或直接按空格键激活【选择】工具，绘图区中显示箭头符号 。

③ 在休闲桌椅组合中任意选中一个模型，该模型将显示边框，如图 1-52 所示。

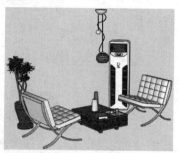
图 1-51　打开模型

图 1-52　选中休闲椅模型

提示：

　　SketchUp 中最小的可选择对象为"线""面"与"组件"。本例组合模型为"组件"，因此无法直接选择到"面"或"线"。但如果选择组件模型并选择右键快捷菜单中的【分解】命令，即可以选择该组件模型中的"面"或"线"元素了，如图 1-53 所示。若该组件模型由多个元素构成，需要多次进行分解。

图 1-53　分解组件模型后，①选择面②选择"线"

④ 选择一个组件、线或面后，若要继续选择，按住 Ctrl 键（鼠标指针变成 +）连续选择对象即可，如图 1-54 所示。

⑤ 按住 Shift 键（鼠标指针变成 ±）可以连续选择对象，也可以反向选择对象，如图 1-55 所示。

⑥ 按 Ctrl+Shift 组合键，此时鼠标指针变成 _，可反选对象，如图 1-56 所示。

提示：

　　如果误选了对象，就可以按 Shift 键进行反选，还可以按 Ctrl+Shift 组合键反选。

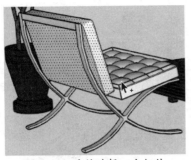

图 1-54　连续选择一个组件

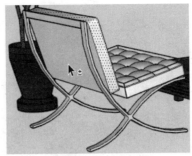

图 1-55　反选对象

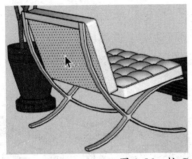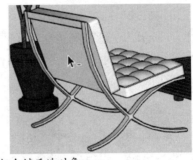

图 1-56　按 Ctrl+Shift 组合键反选对象

1.5.2　窗选与窗交

　　窗选与窗交都是利用【选择】命令，以矩形窗口框选的方式选择对象。窗选是由左至右画出矩形进行框选，窗交是由右至左画出矩形进行框选。

　　窗选的矩形选择框是实线，窗交的矩形选择框是虚线，如图 1-57 所示。

图 1-57　左图是窗选选择，右图是窗交选择

　　源文件：\Ch01\餐桌组合 2.skp

① 启动 SketchUp Pro 2018。单击【标准】工具栏中的【打开】按钮 📂，然后打开【\源文件\Ch01\餐桌组合.skp】模型，如图 1-58 所示。

② 在整个组合模型中一次性选择 3 个椅子组件。保留默认的视图，在绘图区的合适位置拾取一点作为矩形框的起点，然后从左到右画出矩形，将其中 3 个椅子组件圈在矩形框内，如图 1-59 所示。

提示：
要想完全选中 3 个组件，3 个组件必须被包含在矩形框内。另外，被矩形框框选的还有其他组件，若不想选中它们，按住 Shift 键反选即可。

图 1-58 打开模型

图 1-59 框选对象

③ 框选后，可以看见同时被选中的 3 个椅子组件（选中状态为蓝色高亮显示组件边框），如图 1-60 所示。在绘图区的空白区域单击，即可取消框选结果。

④ 下面用窗交方式同时选择 3 个椅子组件。在绘图区中合适的位置从右到左画出矩形框，如图 1-61 所示。

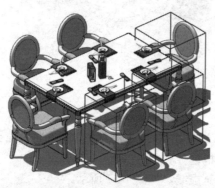

图 1-60 被框选的对象

图 1-61 窗交选择对象

> 提示：
>
> 窗交选择与窗选不同的是，无须将所选对象完全圈在矩形框中，因为矩形框中包括的对象或经过的对象，都会被选中。

⑤ 如图 1-62 所示，矩形框所经过的组件被自动选中，包括椅子组件、桌子组件和桌面上的餐具。

⑥ 如果将视图切换到俯视图，再利用窗选或窗交的方式来选择对象会更加容易，如图 1-63 所示。

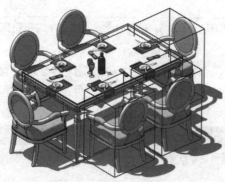

图 1-62 被窗交选择的对象

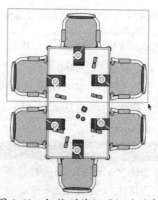

图 1-63 切换到俯视图框选对象

CHAPTER 2

基本建模工具

本章导读

上一章介绍了 SketchUp 辅助设计功能,本章主要介绍 SketchUp 基本绘图功能,主要包括:利用绘图工具制作不同的模型;利用编辑工具对模型进行不同的编辑;实体工具和沙盒工具的使用;在线搜索模型和组件。希望读者能认真学习本章内容并迅速掌握应用技巧。

学习要点

- ☑ 形状绘图工具
- ☑ 编辑工具
- ☑ 实体工具

扫码看视频

2.1 形状绘图工具

SketchUp 形状绘图工具在工具集中或者在【绘图】工具栏中都可以找到。包括线条、矩形、圆形、圆弧、手绘线、多边形等绘制工具，如图 2-1 所示。

图 2-1　形状绘图工具

2.1.1　绘制线条

使用线条工具可以绘制图形和实体，利用线条工具绘制图形可以形成一个表面。线条工具也可用来拆分表面或复原删除的表面。

1. 绘制直线

利用线条工具绘制一条简单的直线。

① 单击【直线】按钮 ✎，此时鼠标指针变成铅笔形状，单击鼠标左键确定直线起点，拖动鼠标拉出直线，可以在任意位置单击来确定直线第二点，如图 2-2 所示。

② 如果想精确地绘制直线，可在数值框中输入数值，这时数值栏以"长度"名称显示，如输入 300，按 Enter 键结束操作，如图 2-3 所示。

图 2-2　绘制直线　　　　　　　　　　　图 2-3　输入值精确控制直线长度

③ 在默认情况下，如果不结束绘制操作，将会连续不断地绘制直线。

2. 绘制封闭面

如果利用线条工具绘制封闭的曲线，系统会自动填充封闭区域并创建一个面。

① 单击【直线】按钮 ✎，按住鼠标左键确定直线起点。

② 按住鼠标不放，确定第二点和第三点，即可画出一个三角形的面，如图 2-4 所示。

③ 如果连续的直线没有形成封闭的图形，则不能形成封闭面，如图 2-5 所示。

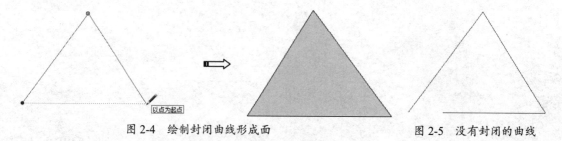

图 2-4　绘制封闭曲线形成面　　　　　　　　图 2-5　没有封闭的曲线

3. 拆分直线

利用【拆分】工具可以将一条直线拆分成多段，下面举例说明。

① 单击【直线】按钮 ✐，画出一条直线。选中直线，再单击鼠标右键并选择快捷菜单中的【拆分】命令，如图 2-6 所示。

② 此时直线中会预览显示分段点，如果将鼠标指针放在直线中间位置，将仅产生一个分段点，若移动鼠标指针会产生多个分段点，如图 2-7 所示。

③ 还可以在绘图区底部的数值框中输入数值来精确控制分段。如输入 5，则直接被拆分成 5 段，按 Enter 键结束操作，如图 2-8 所示。

图 2-6 绘制直线并选择【拆分】命令

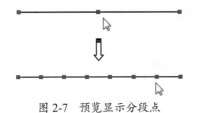

图 2-7 预览显示分段点

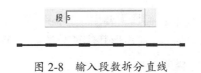

图 2-8 输入段数拆分直线

当绘制封闭曲线并自动填充面后，可以将一个面拆分为多个面。

① 单击【直线】按钮 ✐，绘制一个封闭的矩形面，如图 2-9 所示。

② 单击【直线】按钮 ✐，在面上绘制一直线，可将矩形面拆分成两个面，如图 2-10 所示。

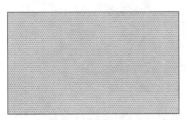

图 2-9 绘制矩形面

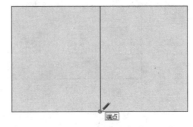

图 2-10 绘制直线

③ 同理，继续绘制直线，可以拆分成更多的小面，如图 2-11 所示。

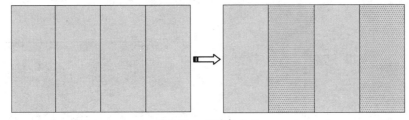

图 2-11 继续拆分面

2.1.2 【手绘线】工具

利用【手绘线】工具可绘制曲线模型和 3D 折线模型形式的不规则手绘线条。曲线模型由多条连接在一起的线段构成。这些线段可作为单一的线条，用于定义和分割平面。同时它们也具备连接性，即选择其中一段就选择了整个模型。曲线模型可用来表示等高线地图或其他有机形状中的等高线。

利用【手绘线】工具绘制任意形状。

① 单击【手绘线】按钮 ～，鼠标指针变为一支带曲线的笔样式。在绘图区单击，确定起点，
按住鼠标左键不放，即可绘制不规则曲线，如图 2-12 所示。

② 当起点与终点重合时，即可绘制一个封闭的面，如图 2-13 所示。

图 2-12　绘制不规则曲线　　　　　　　　图 2-13　绘制封闭曲线形成面

2.1.3 【矩形】工具

【矩形】工具主要用于绘制矩形平面，还可以绘制正方形。绘制矩形的曲线本身就是封闭的，所以绘制矩形其实就是绘制一个矩形面。

1. 绘制矩形

绘制矩形的操作步骤如下：

① 单击【矩形】按钮 ■，鼠标指针变成一支带矩形的笔样式。确定矩形两个对角点的位置，
完成矩形的绘制，如图 2-14 所示。

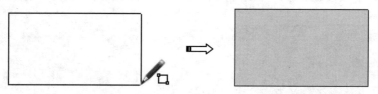

图 2-14　绘制矩形

② 在绘制矩形的过程中若出现"黄金分割"提示，说明绘制的是符合黄金分割的矩形，
如图 2-15 所示。

③ 在数值框中输入（500，300），可以精确地绘制矩形，按 Enter 键结束操作，如图 2-16
所示。

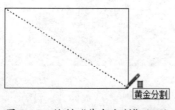

图 2-15　绘制"黄金分割"矩形　　　　　　图 2-16　精确绘制矩形

提示：

如果输入负值（-100，-100），SketchUp 将把负值应用到与绘图方向相反的方向，并在这个新方向上应用新的值。

④ 在确定矩形第二个对角点的过程中，若出现一条对角虚线并在鼠标指针位置显示"正方

向"，那么所绘制的矩形就是正方向的，如图 2-17 所示。

⑤ 绘制矩形并自动填充为面域后，可以删除面，仅保留矩形曲线，如图 2-18 所示。但是，如果删除矩形上的一条线，那么矩形面就不存在了。

图 2-17　绘制正方向　　　　　　　　图 2-18　删除面保留曲线

2. 绘制斜矩形

利用【旋转矩形】工具 ，可以绘制倾斜矩形。

① 单击【旋转矩形】按钮 ，鼠标指针变为量角器样式，用于确定倾斜角度，如图 2-19 所示。

② 在绘图区中单击确定矩形第一角点，接着绘制一条斜线确定矩形的一条边，如图 2-20 所示。

图 2-19　显示量角器　　　　　　　　图 2-20　绘制矩形的一条边

③ 沿着斜线的垂直方向拖动，确定矩形垂直边的长度，单击即可完成斜矩形的绘制，如图 2-21 所示，按 Enter 键结束命令。

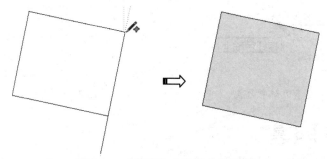

图 2-21　确定垂直边的长度完成绘制

2.1.4　【圆】工具

圆形是由若干条首尾相接的线段组成的。下面介绍如何绘制一个半径精确的圆以及类圆的多边形的边数。

① 单击【圆】按钮 ，这时鼠标指针变成圆形笔样式，如图 2-22 所示。

② 在绘图区中单击以任意一点作为圆心，拖动鼠标即可画出一个圆形，在任意位置单击以确定圆形半径，即可完成圆的绘制，如图 2-23 所示。

③ 在数值框中输入半径值 3000，则可以画出半径为 3000mm 的圆形，如图 2-24 所示。

④ 默认的圆形边数为 24，减少边数可以变成多边形。当选择【圆】命令后，在数值框中设置边数为 8 并按 Enter 键确认，随后即可绘制出边数为 8 的八边形，如图 2-25 所示。

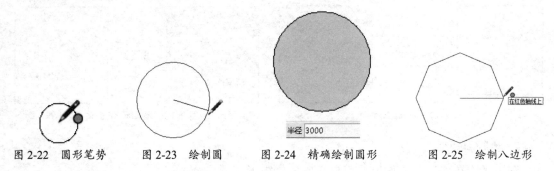

图 2-22　圆形笔势　　　　图 2-23　绘制圆　　　　图 2-24　精确绘制圆形　　　　图 2-25　绘制八边形

2.1.5　【多边形】工具

使用【多边形】工具可绘制普通的多边形。在开始绘制多边形前，按住 Shift 键，可将绘图操作锁定到画多边形的方向。

前面介绍了将圆形变成多边形的绘制方法。下面介绍内切圆多边形的绘制方法。系统默认的多边形为六边形。

① 单击【多边形】按钮 ，鼠标指针变成多边形笔样式。在绘图区中单击，确定多边形的中心点，如图 2-26 所示。

② 按住鼠标左键不放向外拖动，确定多边形大小，或者在数值框中输入精确值来确定多边形的内切圆半径，按 Enter 键完成多边形的绘制，如图 2-27 所示。

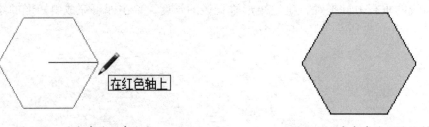

图 2-26　确定多边形中心点　　　　　　　　图 2-27　完成多边形的绘制

2.1.6　【圆弧】工具

圆弧是由多条线段相互连接组合而成的，主要用于绘制圆弧实体。系统提供了 4 种绘制圆弧的命令，下面详细介绍。

1. 从中心和两点

① 单击【圆弧】按钮 ，这时鼠标指针变成量角器样式。在任意位置单击，确定圆弧的圆心。

② 拖动鼠标确定圆弧半径，或者在数值框中输入长度值（半径）2000，并按 Enter 键确认，即可确定圆弧起点，如图 2-28 所示。

③ 拖动鼠标绘制圆弧，如果要精确地控制圆弧角度，在数值框中输入角度值 90 并按 Enter 键，即可完成圆弧的绘制，如图 2-29 所示。

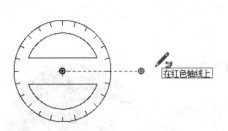

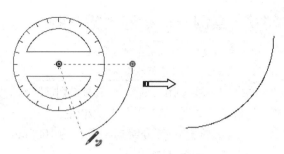

图 2-28　确定圆弧圆心及半径（圆弧起点）　　　　图 2-29　精确绘制圆弧

2. 根据起点、终点和凸起部分

绘制两段圆弧相切的效果。

① 单击【圆弧】按钮 ⟋，先任意绘制一段圆弧。

② 接着单击 ⟡ 按钮，指定第一段圆弧的终点为现圆弧的起点，向上拖动鼠标，当预览显示一条浅蓝色圆弧时，说明两圆弧已相切，再单击鼠标确定圆弧终点，如图 2-30、图 2-31 所示。

图 2-30　绘制一段圆弧　　　　　　　　图 2-31　确定现圆弧的起点和终点

③ 然后拖动鼠标，当圆弧再次显示为浅蓝色时，说明已经捕捉到圆弧中点，单击即可完成相切圆弧的绘制，如图 2-32 所示。

图 2-32　完成相切圆弧的绘制

3. 以 3 点画弧

【以 3 点画弧】工具 ⟲ 是依次确定圆弧起点、中点（圆弧上一点）和终点的方式来绘制圆弧的，如图 2-33 所示。

4. 扇形

单击【扇形】按钮 ◗，可以以确定圆心和圆弧起点及终点的方式来绘制扇形面，如图 2-34 所示。绘制方法与用【从中心和两点】方式来绘制圆弧的方法相同。

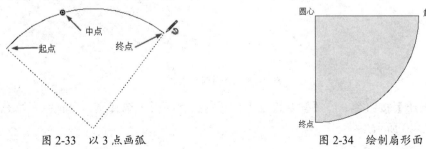

图 2-33　以 3 点画弧　　　　　　　　图 2-34　绘制扇形面

2.1.7 案例——绘制太极八卦

结果文件：\Ch02\太极八卦.skp
视频：\Ch02\太极八卦.wmv

本案例主要应用【直线】工具、【圆弧】工具、【圆】工具来创建模型，如图 2-35 所示为效果图。

① 单击【圆弧】按钮 ，绘制一段长为 1000mm、弧高为 500mm 的圆弧，如图 2-36 所示。

② 继续绘制相切圆弧，距离和弧高与第一段圆弧相同，如图 2-37 所示。

③ 单击【圆】按钮 ，沿圆弧中心绘制一个圆形面（边数为 36），使它被分割成两个面，如图 2-38 所示。

④ 单击【圆】按钮 ，绘制两个半径为 150mm 的小圆，如图 2-39 所示。

图 2-35 太极八卦效果图

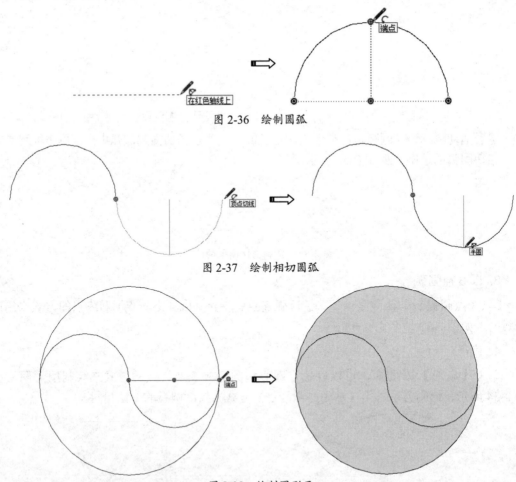

图 2-36 绘制圆弧

图 2-37 绘制相切圆弧

图 2-38 绘制圆形面

⑤ 单击【材质】按钮 ，在【默认面板】的【材料】面板中选择黑、白颜色来填充面，效果如图 2-40 所示。

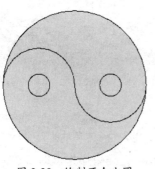

图 2-39 绘制两个小圆

图 2-40 填充颜色

2.2 编辑工具

SketchUp 编辑工具包括【移动】工具、【推/拉】工具、【旋转】工具、【路径跟随】工具、【拉伸】工具、【偏移复制】工具。如图 2-41 所示为【编辑】工具栏。

图 2-41 【编辑】工具栏

2.2.1 【移动】工具

利用【移动】工具可以移动、拉伸和复制几何图形，此工具还可用于旋转组件和组。

源文件：\Ch02\树.skp

结果文件：\Ch02\复制树.skp

1. 利用【移动】工具复制模型

利用【移动】工具可以复制单个或者多个模型，本例是对植物模型进行复制操作。

① 选中模型，单击【移动】按钮 ✛，同时按住 Ctrl 键不放，这时绘图区多了一个"+"号，按住鼠标左键不放进行拖动，如图 2-42、图 2-43 所示。

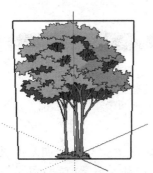

图 2-42 选中对象

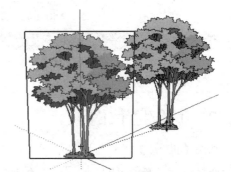

图 2-43 移动复制对象

② 继续选中模型，可以复制多个，如图 2-44 所示。

③ 切换到【选择】工具，单击空白处，复制效果如图 2-45 所示。

2. 复制等距模型

复制等距模型主要是利用数值框精确复制出等距模型。

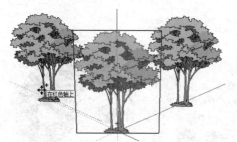

图 2-44 复制多个对象

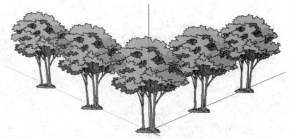

图 2-45 复制效果

① 当复制好一个模型后，在数值框中输入"/10"，按 Enter 键结束操作，即可在源模型和副本模型之间复制出相等距离的 10 个模型，如图 2-46、图 2-47 所示。

图 2-46 复制出一个对象   图 2-47 在区间内复制出 10 个副本

② 如果在数值框中输入"*10"，按 Enter 键结束操作，即可复制出同等距离的 10 个副本模型，如图 2-48 所示。

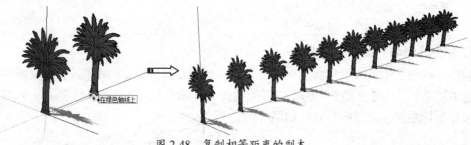

图 2-48 复制相等距离的副本

> **提示：**
>
> 　　复制同等比例的模型，在创建包含多个相同项目的模型（如栅栏、桥梁和书架）时特别有用，因为柱子或横梁以等距离间隔排列。

2.2.2 【推/拉】工具

利用【推/拉】工具可以将不同形状的二维平面（圆、矩形、抽象平面）推或拉成三维几何体模型。值得注意的是，这个三维几何体并非实体，内部无填充物，仅仅是封闭的曲面而已。

1. 创建几何体

下面以创建一个园林景观中的台阶模型为例，详细讲解如何推拉出三维模型。

① 单击【矩形】按钮 ，在场景中绘制一个矩形面，如图 2-49 所示。

② 单击【直线】按钮 ，绘制 4 条线来拆分矩形面，如图 2-50 所示。

图 2-49　绘制矩形面

图 2-50　拆分矩形面

③ 单击【推/拉】按钮 ，选取拆分后的一个面，向上推拉一定距离，得到一个长方体，如图 2-51 所示。

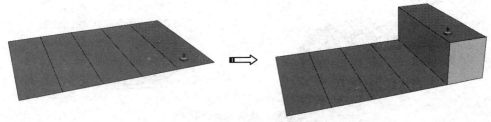

图 2-51　推拉面

> **提示：**
> 将一个面推拉一定的高度后，如果在另一个面上双击鼠标左键，则该面将推拉出同样的高度。

④ 继续单击【推/拉】按钮 ，再选择另外拆分的矩形面进行推拉操作，推拉出层次形成台阶，如图 2-52 所示。

⑤ 单击【材质】按钮 ，为石阶填充合适的材质，效果如图 2-53 所示。

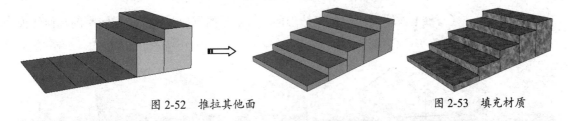

图 2-52　推拉其他面　　　　　　　　　　　图 2-53　填充材质

> **提示：**
> 【推/拉】工具只能在平面上操作，因此不能在"线框"渲染风格模式下操作。

2. 创建放样

由于 SketchUp 中没有【放样】工具用来创建如图 2-54 所示的放样几何体，因此可以利用"【移动】命令+Alt 键"的方式来创建放样几何体。

下面利用【推/拉】工具和【移动】工具，创建一个放样模型。

① 单击【圆】按钮 ，绘制一个半径为 5000mm 的圆形面，如图 2-55 所示。

② 单击【多边形】按钮 ，捕捉圆形面的圆心作为中心点，绘制出半径为 6000mm 的正六边形，如图 2-56 所示。

③ 选中正六边形（不要选择正六边形面），然后单击【移动】按钮 ，并捕捉其中心点作为移动起点，如图 2-57 所示。

④ 按住 Alt 键沿着 Z 轴拖动鼠标，可以创建出如图 2-58 所示的放样几何体形状。

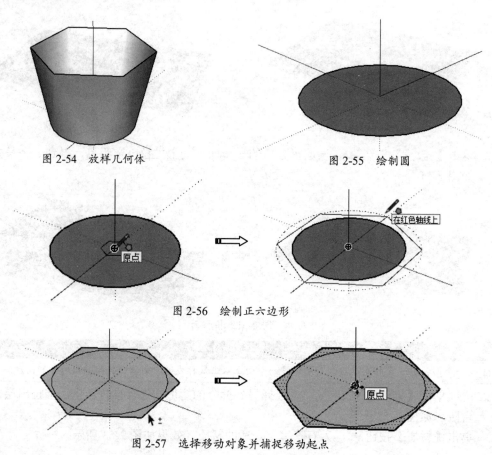

图 2-54 放样几何体 图 2-55 绘制圆

图 2-56 绘制正六边形

图 2-57 选择移动对象并捕捉移动起点

⑤ 最后，单击【直线】按钮 ✏，绘制多边形面，将上方的洞口封闭，形成完整的几何体模型，如图 2-59 所示。

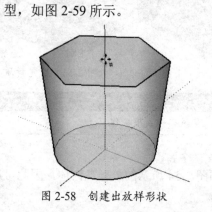

图 2-58 创建出放样形状

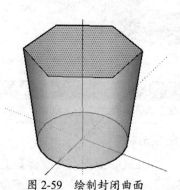

图 2-59 绘制封闭曲面

2.2.3 【旋转】工具

使用【旋转】工具，可以以任意角度来旋转几何体对象，在旋转的同时还可以创建副本对象。

 源文件：\Ch02\中式餐桌.skp

本例介绍如何快速创建餐椅。

① 打开本例几何体模型源文件，如图 2-60 所示。

② 选中要旋转的模型——餐椅，然后单击【旋转】按钮 ↻，将量角器放置在餐桌中心点上（即确定角度顶点），如图 2-61、图 2-62 所示。

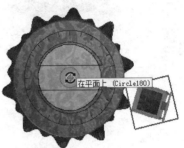

图 2-60　打开的几何体模型　　　　图 2-61　选择要旋转的对象　　　　图 2-62　放置旋转中心

③ 放置量角器后向右水平拖出一条角度测量线，在合适的位置单击确定测量起点，如图 2-63 所示，再按住 Ctrl 键进行旋转，可以预览旋转复制的对象，如图 2-64 所示。

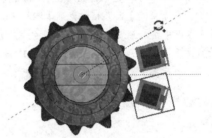

图 2-63　确定角度测量起点　　　　　　　　图 2-64　旋转复制预览

④ 在数值框中输入 30 并按 Enter 键确认，接着再输入 "*12" 并按 Enter 键确认，则表示以当前角度作为参考来复制出相等角度的 12 个模型，如图 2-65、图 2-66 所示。

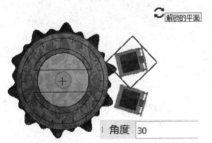
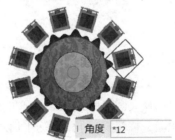

图 2-65　复制第一个对象　　　　　　　　图 2-66　复制出其他对象

2.2.4　【路径跟随】工具

使用【路径跟随】工具，可以沿一条曲线路径扫描截面，从而创建出扫描模型。

1. 创建圆环

① 单击【圆】按钮 ⬤，绘制一个半径为 1000mm 的圆形面，如图 2-67 所示。

② 单击【视图】工具栏中的【前视图】按钮 ⌂，切换到前视图。单击【圆】按钮 ⬤，在圆的象限点上绘制一个半径为 200mm 的小圆形面，形成放样的截面，如图 2-68、图 2-69 所示。

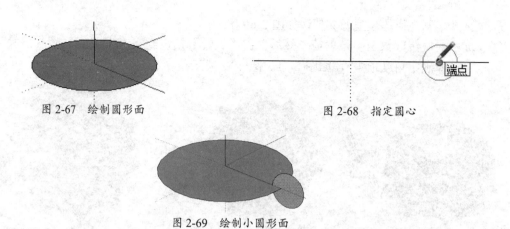

图 2-67　绘制圆形面　　　　　　　　　图 2-68　指定圆心

图 2-69　绘制小圆形面

提示：

目前 SketchUp 中没有切换视图的快捷键，绘图时确实会有不便之处。用户可以自定义快捷键，方法是：在菜单栏中选择【窗口】|【系统设置】命令，打开【SketchUp 系统设置】对话框。进入【快捷方式】选项设置页面，在【功能】列表框中找到【相机（C）/标准视图（S）/等轴视图（I）】选项，并在【添加快捷方式】文本框中输入 F2 或者按下键盘上的 F2 键，单击 🛨 按钮添加快捷方式，如图 2-70 所示。其余的视图也按此方法依次设定为 F3、F4、F5、F6、F7 和 F8。如果将设置的结果导出，则便于重启软件后再次打开设置文件。最后单击【确定】按钮完成快捷方式的定义。

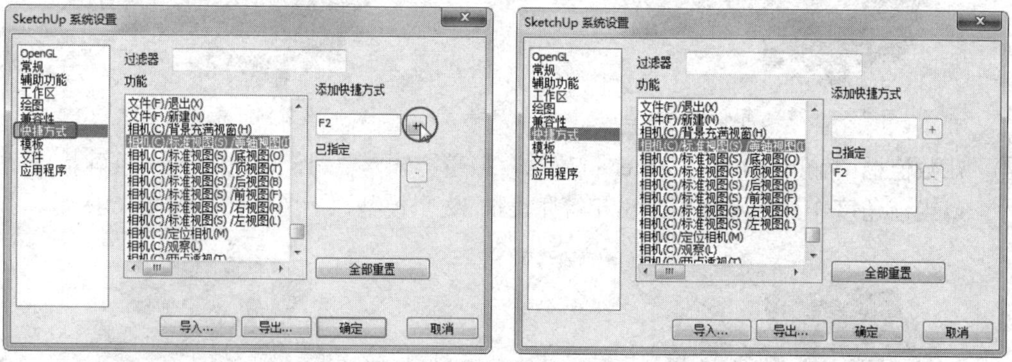

图 2-70　添加快捷方式

③ 先选择大圆形面或选择大圆形的边线作为扫描路径，如图 2-71 所示，接着单击【路径跟随】按钮 🌫️，再选择小圆形面作为扫描截面，如图 2-72 所示。

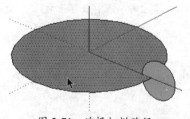

图 2-71　选择扫描路径

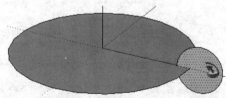

图 2-72　选择扫描截面

④ 随后系统自动创建出扫描几何体，将中间的面删除，得到的圆环效果如图 2-73 所示。

2. 创建球体

下面利用【路径跟随】工具创建一个球体。

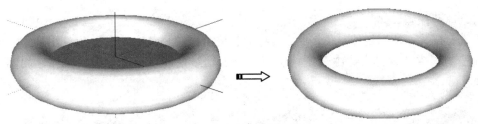

图 2-73　创建的扫描几何体

① 单击【圆】按钮 ⚬，在默认的等轴视图中，以坐标系中心点为圆心绘制一个半径为 500mm 的圆形面，如图 2-74 所示。

② 按 F4 键切换到前视图（注意：按照前面介绍的设置快捷方式的方法设置完成后才能有此功能），然后再绘制一个半径为 500mm 的圆形面，此圆形面的圆心与第一个圆的圆心重合，如图 2-75 所示。

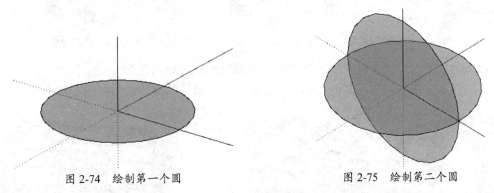

图 2-74　绘制第一个圆　　　　　　　　　　图 2-75　绘制第二个圆

③ 先选择第一个圆形面作为扫描路径，单击【路径跟随】按钮 🐌，接着选择第二个圆形面作为扫描截面，随后系统自动创建一个球体，如图 2-76 所示。

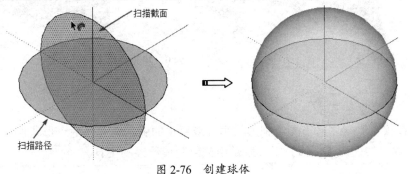

图 2-76　创建球体

2.2.5　【缩放】工具

使用【缩放】工具可以对模型进行等比例或非等比例缩放，配合 Shift 键可以在等比例与非等比例缩放之间切换，配合 Ctrl 键则以中心为轴进行缩放。

　源文件：\Ch02\凉亭.skp

本例对一个凉亭模型进行缩放操作，可以自由缩放，也可以按比例进行缩放，从而改变当前模型的结构。

① 打开凉亭模型。

② 框选全部凉亭所属组件对象，单击【缩放】按钮 ，显示缩放控制框，如图 2-77 所示。

③ 在控制框中任意单击选中一个控制点，沿着轴线拖动鼠标进行缩放操作，如图 2-78 所示。

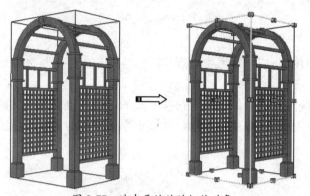

图 2-77　选中要缩放的组件对象　　　　　　　　　图 2-78　缩放操作

④ 在轴线上的某个位置单击，即可完成对象的缩放操作，如图 2-79 所示。

⑤ 利用同样的方法可以拖动其他控制点来缩放对象，最后的缩放效果如图 2-80 所示。

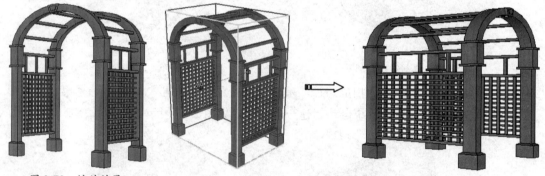

图 2-79　缩放结果　　　　　　　　图 2-80　缩放操作完成的结果

2.2.6　【偏移】工具

创建 3D 模型时，通常需要绘制形状稍大或稍小的版本，并使两个形状保持彼此等距，称为"绘制偏移线"。【偏移】工具就是用来绘制偏移线的工具。

源文件：\Ch02\模型 1.skp

下面利用【偏移】工具完善一个花坛模型。

① 如图 2-81 所示为打开的一部分花坛模型。

② 单击【偏移】按钮 ，选择要偏移的边线，如图 2-82 所示。

③ 向里偏移复制一个面，如图 2-83 所示。

④ 单击【推/拉】按钮 ，对偏移复制的面进行推拉操作，如图 2-84 所示。

⑤ 单击【材质】按钮 ，为创建的花坛填充合适的材质，如图 2-85 所示。

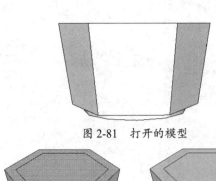

图 2-81 打开的模型

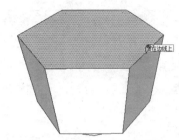

图 2-82 选择要偏移的边线

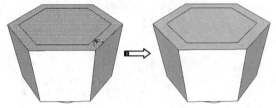

图 2-83 偏移复制面

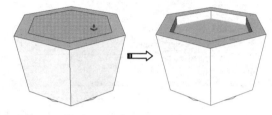

图 2-84 推出凹槽形状

图 2-85 填充材质的花坛模型

2.2.7 案例——创建雕花图案

导入一张用 Auto CAD 绘制的雕花图纸，制作雕花模型，如图 2-86 所示为效果图。

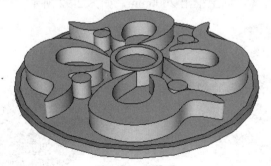

图 2-86 效果图

 源文件：\Ch02\雕花图纸.dwg

结果文件：\Ch02\雕花图案.skp

视频：\Ch02\雕花图案.wmv

① 在菜单栏中选择【文件】|【导入】命令，在【文件类型】下拉列表中选择【AutoCAD
   文件（*.dwg，*.dxf）】，如图 2-87、图 2-88 所示。

② 单击 关闭 按钮，导入图案，如图 2-89 所示。

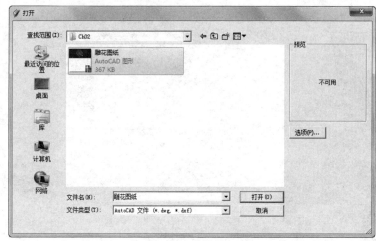

图 2-87　选择图纸　　　　　　　　　　　　　　图 2-88　查看导入结果

③　单击【直线】按钮 ✐，沿图案边线绘制封闭面，如图 2-90 所示。

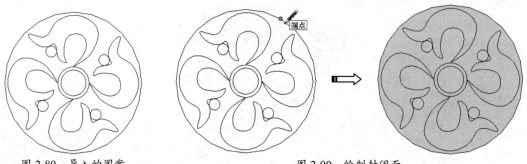

图 2-89　导入的图案　　　　　　　　　　　　图 2-90　绘制封闭面

④　利用【手绘线】工具，将要单独进行推拉操作的图案进行绘线封面操作，如图 2-91 所示。

⑤　单击【推/拉】按钮 ♨，向上推出 2000mm，如图 2-92 所示。

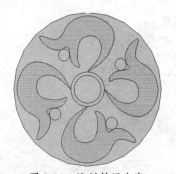

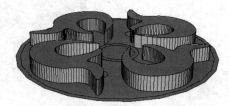

图 2-91　绘制封闭曲线　　　　　　　　　　图 2-92　向上推出几何体

⑥　单击【偏移】按钮 ⟲，将外边框向外偏移复制 600mm，如图 2-93 所示。

⑦　然后单击【推/拉】按钮 ♨，向下拉出 1000mm 的几何体，如图 2-94 所示。

⑧　单击【推/拉】按钮 ♨，将 4 个圆向上推出 2000mm，如图 2-95 所示。

⑨　单击【推/拉】按钮 ♨，将中间的两个圆分别拉出 2000mm 和 1000mm，如图 2-96 所示。

⑩　选中模型，选择【窗口】|【柔化边线】命令，对边线进行柔化，结果如图 2-97 所示。

图 2-93　偏移复制边框线

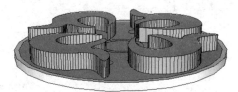

图 2-94　向下拉出何体

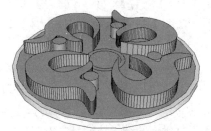

图 2-95　向上推出 4 个圆柱

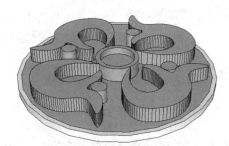

图 2-96　向上推出中间圆柱

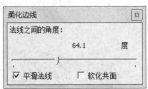

图 2-97　柔化边线

提示：
　　创建复杂图案的封闭面时，需要有足够的耐心，描边时要仔细，只要有一条线没有连接上，就无法创建面。当遇到无法创建面的情况时，可以尝试将导入的线条删掉，直接重新绘制并连接。

2.3　使用实体工具创建复杂的 3D 模型

　　SketchUp 实体工具仅用于 SketchUp 实体，实体是指任何具有有限封闭体积的 3D 模型（组件或组），实体不能有任何裂缝（平面缺失或平面间存在缝隙）。

　　默认情况下，利用【绘图】工具栏和【编辑】工具栏中的命令创建的几何体对象，只是一个封闭的面组，还不算真正的实体。例如，利用【圆】命令和【推/拉】命令创建的圆柱体，实际上是由 3 个面组连接而成的模型，每个面都是独立的，也是可以单独删除的。若要变成实体，只需要将这些面合并成为"组件"或者"群组"的形式即可，如图 2-98 所示。

提示：
　　"组件"是多个群组的集合体，等同于"部件"或"零件"。"群组"是 SketchUp 中多个几何对象的集合体，等同于"几何体特征"，而点、线及面则称为"几何对象"。

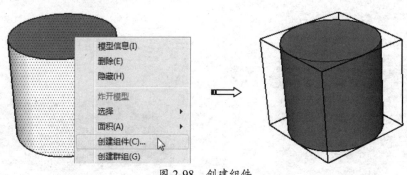

图 2-98　创建组件

图 2-99　【实体工具】工具栏

实体工具是用于实体的布尔运算工具。实体工具包括【实体外壳】工具、【相交】工具、【联合】工具、【减去】工具、【剪辑】工具和【拆分】工具。如图 2-99 所示为【实体工具】工具栏。

2.3.1　【实体外壳】工具

【实体外壳】工具用于删除和清除位于交叠组或组件内部的几何图形（保留所有外表面）。选择【实体外壳】工具操作的结果与选择【联合】工具操作的结果类似，但是选择【实体外壳】工具操作的结果只能包含外表面，而选择【联合】工具操作的结果还能包含内部几何图形。

① 利用【圆】命令和【推/拉】命令绘制两个长方体，并先后创建为组件，如图 2-100 所示。

② 单击【实体外壳】按钮 ，选择第一个组件实体，再选择第二个组件实体，如图 2-101 所示。

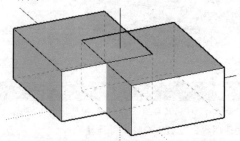

图 2-100　创建两个组件实体

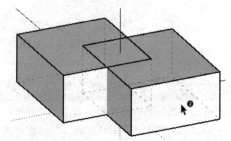

图 2-101　选择两个组件实体

③ 随后自动创建包容两个实体的外壳，如图 2-102 所示。

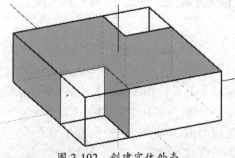

图 2-102　创建实体外壳

> **提示：**
> 如果将鼠标指针放在组以外，鼠标指针会变成带有圆圈和斜线的箭头 ；如果将鼠标指针放在组内，鼠标指针会变成带有数字的箭头 。

2.3.2 【相交】工具

相交是指某一组或组件与另一组或组件相交或交叠的几何图形,【相交】工具可以对一个或多个相交组或组件执行相交操作,从而产生相交的几何图形。

① 同样以两个长方体组件为例,在【后边线】样式下进行操作,如图 2-103 所示。

② 单击【相交】按钮 🖳,选择第一个组件实体,再选择第二个组件实体,随后自动创建相交部分的实体,如图 2-104 所示。

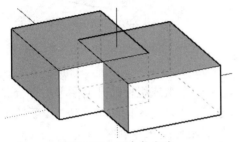

图 2-103　两个长方体

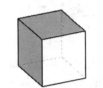

图 2-104　实体相交的结果

2.3.3 【联合】工具

【联合】工具用于将两个或多个实体合并为一个实体。【联合】的结果类似于【实体外壳】的结果,不过,【联合】的结果可以包含内部,而【实体外壳】的结果只能包含外部表面。

① 同样以两个长方体组件为例,在【后边线】样式下进行操作,如图 2-105 所示。

② 单击【联合】按钮 🖳,选择第一个组件实体,再选择第二个组件实体,随后两个实体组件自动合并为一个完整的实体组件,如图 2-106 所示。

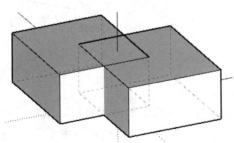

图 2-105　两个实体组件

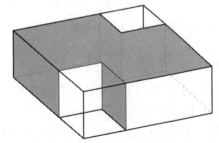

图 2-106　联合的结果

2.3.4 【减去】工具

【减去】工具用于将一个组或组件的几何图形与另一个组或组件的几何图形进行合并,然后从结果中删除第一个组或组件。只能对两个交叠的组或组件执行【减去】操作,所产生的减去效果取决于组或组件的选择顺序。

① 同样以两个长方体组件为例,在【后边线】样式下进行操作,如图 2-107 所示。

② 单击【减去】按钮 🖳,选择第一个组件实体(作为被减去部分),再选择第二个组件实体(作为主体对象),随后自动完成【减去】操作,如图 2-108 所示。

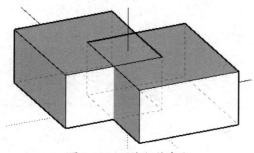

图 2-107　两个组件实体

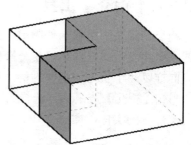

图 2-108　减去的结果

2.3.5　【剪辑】工具

　　【剪辑】工具用于将一个组或组件的几何图形与另一个组或组件的几何图形进行合并，只能对两个交叠的组或组件执行【剪辑】操作。与【减去】功能不同的是，第一个组或组件会保留在剪辑的结果中，所产生的剪辑结果取决于组或组件的选择顺序。

① 同样以两个长方体组件为例，在【后边线】样式下进行操作，如图 2-109 所示。

② 单击【剪辑】按钮 ，选择第一个组件实体（作为被剪辑对象），再选择第二个组件实体（作为主体对象），随后自动完成【剪辑】操作，如图 2-110 所示。

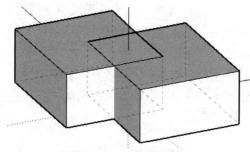

图 2-109　两个组件实体

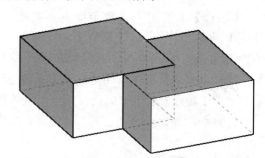

图 2-110　剪辑的结果

2.3.6　【拆分】工具

　　【拆分】工具用于将交叠的几何对象拆分为几个部分。

① 同样以两个长方体组件为例，在【后边线】样式下进行操作，如图 2-111 所示。

② 单击【拆分】按钮 ，选择第一个组件，再选择第二个组件，随后自动完成【拆分】操作，结果如图 2-112 所示。

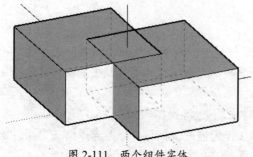

图 2-111　两个组件实体

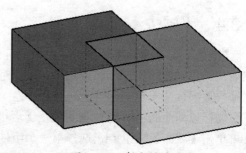

图 2-112　拆分的结果

2.3.7 案例——创建圆弧镂空墙体

本案例主要应用绘图工具、实体工具创建镂空墙体模型，如图 2-113 所示为效果图。

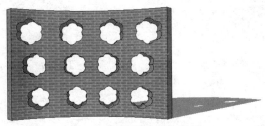

图 2-113 镂空墙体效果图

 结果文件：\Ch02\镂空墙体.skp

视频：\Ch02\圆弧镂空墙体.wmv

① 单击【圆弧】按钮 ，绘制一段长为 5000mm 的圆弧，凸出部分为 1000mm，如图 2-114 所示。

② 继续绘制另一段圆弧与之相连接，如图 2-115 所示。

图 2-114 绘制圆弧

图 2-115 绘制第二段圆弧

③ 单击【直线】按钮 ，绘制两条直线打断面，且将多余的面删除，如图 2-116、图 2-117 所示。

图 2-116 绘制打断直线

图 2-117 删除多余面

④ 单击【推/拉】按钮 ，将圆弧面向上推出 3000mm，形成圆弧墙体，如图 2-118 所示。

⑤ 单击【圆】按钮 ，绘制一个半径为 300mm 的圆形面，如图 2-119 所示。

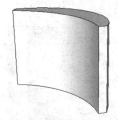

图 2-118 推出墙体

图 2-119 绘制圆形面

⑥ 单击【圆弧】按钮 ，沿圆形面边缘绘制圆弧并与之相连接，然后用【旋转】工具将圆弧进行旋转复制，如图 2-120、图 2-121 所示。

⑦ 单击【擦除】按钮 ，将圆形面删除，如图 2-122 所示。

图 2-120 绘制圆弧

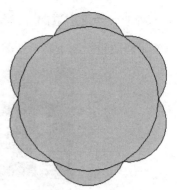

图 2-121 旋转复制圆弧

⑧ 单击【推/拉】按钮，将形状拉长 1500mm，如图 2-123 所示。

图 2-122 擦除多余面

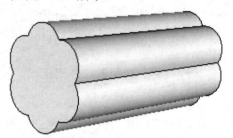

图 2-123 拉出几何体

⑨ 分别选中墙体和形状，创建群组，如图 2-124、图 2-125 所示。

图 2-124 创建墙体组

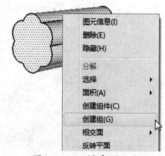

图 2-125 创建形状组

⑩ 单击【移动】按钮，将形状组移到墙体上，如图 2-126 所示。

⑪ 继续单击【移动】按钮，按住 Ctrl 键不放，复制形状组，如图 2-127 所示。

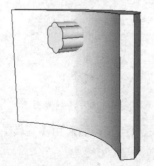

图 2-126 移动形状组到墙体上

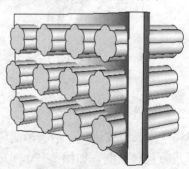

图 2-127 移动复制形状组

⑫　单击【缩放】按钮，对复制的形状组进行缩放，如图 2-128 所示。

⑬　单击【减去】按钮，选中第一个形状组，如图 2-129 所示。

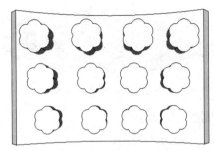

图 2-128　缩放形状组

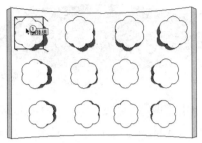

图 2-129　选择第一个形状组

⑭　再选中墙体组，如图 2-130 所示。

⑮　两个实体产生的减去效果如图 2-131 所示。

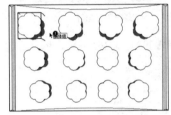

图 2-130　选择墙体组

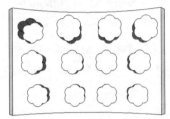

图 2-131　减去效果

⑯　利用同样的方法，依次对墙体和形状执行【减去】操作，形成镂空墙体，如图 2-132 所示。

⑰　为镂空墙体填充合适的材质，如图 2-133 所示。

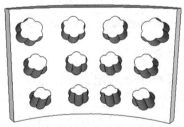

图 2-132　减去其他组

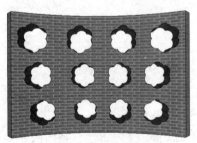

图 2-133　填充材质的效果

2.4　综合案例

下面以几个典型案例来详细讲解 SketchUp 基本绘图功能的应用。

2.4.1　案例——绘制吊灯

本案例主要应用【圆】工具、【推/拉】工具、【偏移】工具、【移动】工具来创建模型。

结果文件：\Ch02\吊灯.skp

视频：\Ch02\吊灯.wmv

① 单击【圆】按钮 ◉，在场景中绘制一个半径为 500mm 的圆形面，如图 2-134 所示。

② 单击【推/拉】按钮 ◆，向上推 20mm，如图 2-135 所示。

图 2-134 绘制圆形面

图 2-135 推出圆柱体

③ 单击【偏移】按钮 ◈，向内偏移复制 50mm，如图 2-136 所示。

④ 单击【推/拉】按钮 ◆，向下拉 10mm，形成台阶，如图 2-137 所示。

图 2-136 偏移复制圆形面

图 2-137 向下拉出台阶

⑤ 单击【圆】按钮 ◉，绘制半径为 50mm 的圆，单击【推/拉】按钮 ◆，向下拉 50mm,生成小圆柱，如图 2-138、图 2-139 所示。

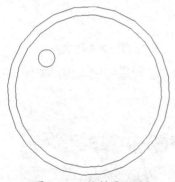

图 2-138 绘制圆形面

图 2-139 拉出小圆柱体

⑥ 单击【偏移】按钮 ◈，向内偏移复制 45mm，单击【推/拉】按钮 ◆，向下拉 300mm,如图 2-140 所示。

⑦ 单击【偏移】按钮 ◈，将面向外偏移复制 80mm,单击【推/拉】按钮 ◆，向下拉 100mm,如图 2-141、图 2-142 所示。

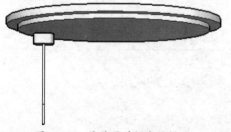

图 2-140 偏移圆并拉出圆柱体

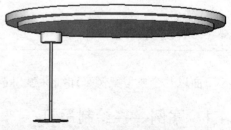

图 2-141 偏移复制圆形面

⑧ 选中模型，选择【编辑】|【创建组】命令，创建组对象，如图 2-143 所示。

⑨ 单击【移动】按钮 ✥，按住 Ctrl 键不放，进行组复制操作，如图 2-144、图 2-145 所示。

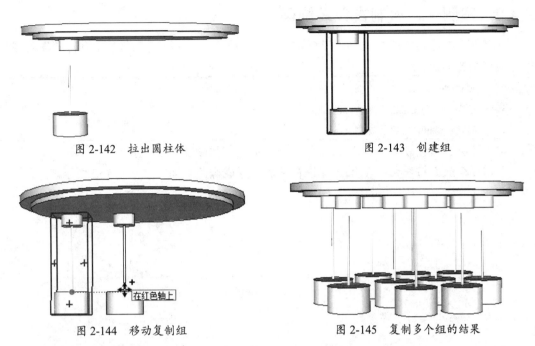

图 2-142　拉出圆柱体　　　　　　　　图 2-143　创建组

图 2-144　移动复制组　　　　　　　　图 2-145　复制多个组的结果

⑩　单击【缩放】按钮 ，对复制的吊灯进行不同程度的缩放，使它具有层次感，如图 2-146、
　　图 2-147 所示。

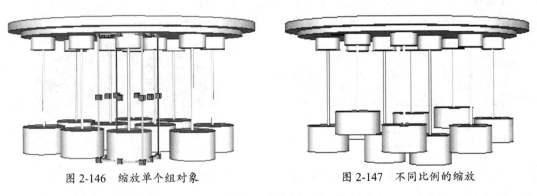

图 2-146　缩放单个组对象　　　　　　图 2-147　不同比例的缩放

⑪　单击【材质】按钮 ，为制作的吊灯添加一种合适的材质，双击组，填充材质，如
　　图 2-148、图 2-149、图 2-150 所示。

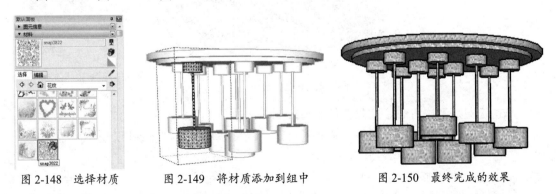

图 2-148　选择材质　　　　图 2-149　将材质添加到组中　　　　图 2-150　最终完成的效果

2.4.2 案例——绘制古典装饰画

本案例主要应用【圆】工具、【缩放】工具、【推/拉】工具、【偏移】工具，并导入图片来完成模型的创建。

源文件：\Ch02\古典美女图片.bmp

结果文件：\Ch02\古典装饰画.skp

视频：\Ch02\古典装饰画.wmv

① 单击【圆】按钮，在场景中绘制一个圆形面，如图 2-151 所示。

② 单击【缩放】按钮，对圆形面进行缩放，形成椭圆形面，如图 2-152 所示。

图 2-151 绘制圆形面

图 2-152 缩放圆形面

③ 单击【推/拉】按钮，向上推 50mm，如图 2-153 所示。

④ 单击【偏移】按钮，将面向内偏移复制 50mm，如图 2-154 所示。

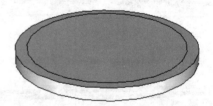

图 2-153 向上推出圆柱体

图 2-154 偏移复制圆形面

⑤ 单击【推/拉】按钮，向下拉 30mm，如图 2-155 所示。

图 2-155 拉出台阶

⑥ 单击【圆弧】按钮，在顶部绘制一段圆弧，如图 2-156 所示。

⑦ 单击【偏移】按钮，将圆弧向外进行适当的偏移复制，如图 2-157 所示。

⑧ 删除中间的面，如图 2-158 所示。

⑨ 单击【推/拉】按钮，向外拉，效果如图 2-159 所示。

⑩ 选择【文件】|【导入】命令，导入古典美女图片，放在框内，如图 2-160、图 2-161 所示。

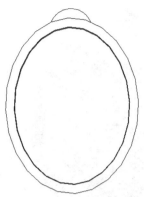

图 2-156　绘制圆弧

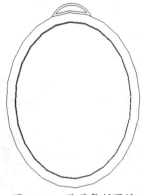

图 2-157　偏移复制圆弧

图 2-158　删除中间的面

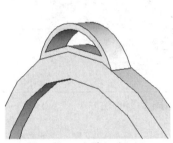

图 2-159　向外拉出形状

图 2-160　导入图片

图 2-161　调整图片位置

⑪　在图片上单击鼠标右键，选择【分解】命令，将图片炸开，如图 2-162 所示。

⑫　选中多余的部分，将边线面删除，如图 2-163、图 2-164 所示。

⑬　为边框填充一种合适的材质，装饰画效果如图 2-165 所示。

图 2-162　分解图片

图 2-163　删除多余的图片

图 2-164　删除多余图片的结果

图 2-165　填充边框材质

2.4.3　案例——绘制米奇卡通杯

本案例主要应用【圆】工具、【推/拉】工具、【偏移复制】工具、【圆弧】工具、【路径跟随】工具来创建模型。

源文件：\Ch02\米奇图片.bmp

结果文件：\Ch02\米奇卡通杯.skp

视频：\Ch02\米奇卡通杯.wmv

① 单击【圆】按钮 ◉，绘制一个半径为 500mm 的圆形面，如图 2-166 所示。

② 单击【推/拉】按钮 ♣，向上推 800mm,如图 2-167 所示。

图 2-166　绘制圆形面

图 2-167　推出圆柱体

③ 单击【偏移】按钮 ☜，向内偏移复制 50mm，如图 2-168 所示。

④ 将中间部分删除，效果如图 2-169 所示。

⑤ 选择【视图】|【隐藏物体】命令，显示虚线，如图 2-170 所示。

⑥ 单击【圆】按钮 ◉，在平面上绘制一个半径为 60mm 的圆形面，如图 2-171 所示。

⑦ 切换视图后单击【圆弧】按钮 ◌，绘制一段圆弧，如图 2-172 所示。

⑧ 选中圆弧，再单击【路径跟随】按钮 ☚，最后选择圆形面，扫描效果如图 2-173 所示。

⑨ 再次选择【视图】|【隐藏物体】命令，取消虚线，如图 2-174 所示。

⑩ 单击【材质】按钮 ✍，从本例源文件夹中导入米奇图片，然后将其填充到杯子表面，如图 2-175、图 2-176 所示。

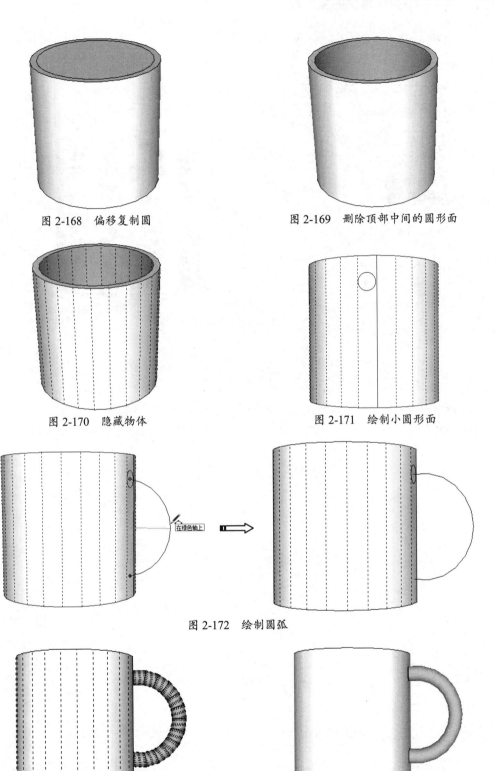

图 2-168　偏移复制圆　　　　　　　　图 2-169　删除顶部中间的圆形面

图 2-170　隐藏物体　　　　　　　　图 2-171　绘制小圆形面

在绿色轴上

图 2-172　绘制圆弧

图 2-173　创建扫描实体　　　　　　图 2-174　显示物体

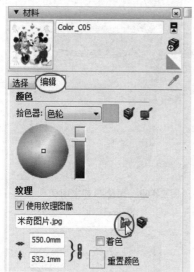

图 2-175 添加材质图片

图 2-176 最终完成效果

CHAPTER 3

建模辅助设计工具

本章导读

本章主要介绍 SketchUp 的辅助设计功能，主要是对模型进行不同的编辑操作，并结合实例进行讲解，内容丰富且重要，希望读者认真学习。

学习要点

☑ 【阴影】工具

☑ 【建筑施工】工具

☑ 【相机】工具

☑ 【截面】工具

☑ 【风格】工具

扫码看视频

SketchUp 辅助设计工具包括主要工具、建筑施工工具、测量工具、相机工具、漫游工具、截面工具、视图工具、风格工具和构造工具等。

3.1 主要工具

SketchUp 的主要工具包括【选择】工具、【制作组件】工具、【油漆桶】工具、【擦除】工具。如图 3-1 所示为【主要】工具栏。

3.1.1 【选择】工具

【选择】工具主要用于配合其他工具或命令使用，可以选择单个模型和多个模型。使用【选择】工具选择要修改的模型，选择内容中包含的模型被称为选择集。

下面对一个装饰品模型执行选中边线、选中面、删除边线、删除面等操作，来详细了解【选择】工具的应用。

 源文件：\Ch03\装饰品.skp

① 打开装饰品模型，如图 3-2 所示。

图 3-1 【主要】工具栏 　　　　　　图 3-2 装饰品模型

提示：

单击【选择】按钮 并按住 Ctrl 键，可以选中多条线。若按 Ctrl+A 组合键可以选中整个场景中的模型。

② 单击【选择】按钮，选中模型的一条线，如图 3-3 所示，按 Delete 键删除线，如图 3-4 所示。

图 3-3 选择线 　　　　　　　　　图 3-4 删除线

③ 选择面，如图 3-5 所示，按 Delete 键删除面，如图 3-6 所示。

④ 选中部分对象，选择【编辑】|【删除】命令，如图 3-7 所示，删除所选的部分对象，如图 3-8 所示。

图 3-5　选中面

图 3-6　删除面

图 3-7　选中模型

图 3-8　选择【删除】命令

⑤ 删除效果如图 3-9 所示。如果想撤销删除，可以选择【编辑】|【还原】命令。

图 3-9　完成删除的效果

提示：

　　按 Ctrl+A 组合键可以对当前所有模型进行全选，按 Delete 键可以删除选中的模型、面、线，按 Ctrl+Z 组合键可以返回上一步操作。

3.1.2 【制作组件】工具

【制作组件】工具能将场景中的模型制作成一个组件。

 源文件：\Ch03\盆栽.skp

① 打开盆栽模型，如图 3-10 所示。
② 单击【选择】按钮 ，框选将所有模型，如图 3-11 所示。

图 3-10　盆栽模型

图 3-11　选中模型

③ 单击【制作组件】按钮 ，弹出【创建组件】对话框，如图 3-12 所示。
④ 在【创建组件】对话框中输入组件名称，如图 3-13 所示。
⑤ 单击 创建 按钮，即可创建一个盆栽组件，如图 3-14 所示。

图 3-12　【创建组件】对话框

图 3-13　输入组件名称

图 3-14　创建盆栽组件

提示：

当场景中没有选中的模型时，【制作组件】工具呈灰色状态，即不可使用。场景中必须有模型需要操作，【制作组件】工具才会被激活。

3.1.3 【油漆桶】工具

【油漆桶】工具主要用于对模型添加不同的材质。

源文件：\Ch03\石凳.skp

① 打开石凳模型，如图 3-15 所示。

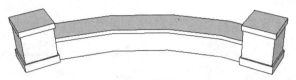

图 3-15 石凳模型

② 单击【材质】按钮 🎨，弹出【材料】面板，如图 3-16 所示。

③ 在【选择】选项卡中双击【材料】中的【石头】文件夹，选择其中的【大理石石材】材质，如图 3-17 所示。

图 3-16 【材料】面板

图 3-17 选择材质

④ 将鼠标指针移到模型上，鼠标指针变成 🎨 形状，如图 3-18 所示。

图 3-18 鼠标指针的变化

⑤ 单击鼠标左键，即可添加材质，如图 3-19 所示。

图 3-19 添加材质

⑥ 依次对其他面填充材质，如图 3-20 所示。

图 3-20 添加材质的效果

3.1.4 【擦除】工具

【擦除】工具又称【橡皮擦】工具，主要是对模型上不需要的地方进行删除，但无法删除平面。

📁 源文件：\Ch03\装饰画.skp

① 打开装饰画模型，如图 3-21 所示。

② 单击【擦除】按钮📍，鼠标指针变成橡皮擦样式，单击模型的边线，如图 3-22 所示。

图 3-21 装饰画模型

图 3-22 选中要擦除的边线

③ 单击线条，即可擦除线，擦除效果与之前讲的利用【选择】工具进行删除类似，如图 3-23 所示。

④ 单击【擦除】按钮📍并按住 Shift 键，并不会删除线，而是隐藏边线，如图 3-24 所示。

图 3-23 擦除线

图 3-24 隐藏边线

提示：

单击【擦除】按钮📍同时按住 Ctrl 键，可以软化边缘，单击【擦除】按钮📍同时按住 Ctrl+Shift 组合键，可以恢复软化边缘，按 Ctrl+Z 组合键也可以恢复上一步操作。

3.2 　【阴影】工具

SketchUp 中的【阴影】工具能为模型提供日光照射和阴影效果，包括一天及全年时间内的变化，相应的计算是根据模型位置（经纬度、模型的坐落方向和所处时区）进行的。

【阴影】工具主要是对场景中的模型进行阴影设置，可以通过在【阴影】面板中单击【阴影】按钮 🔘 来启用【阴影】工具。

选择【窗口】|【默认面板】|【阴影】命令，在默认面板区域显示【阴影】面板，如图 3-25 所示。在工具栏的空白位置单击鼠标右键，选择快捷菜单中的【阴影】命令，弹出【阴影】工具栏，如图 3-26 所示。

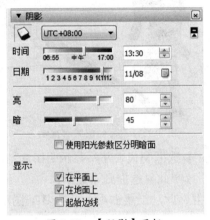

图 3-25 　【阴影】面板

图 3-26 　【阴影】工具栏

- 🔲 按钮：用于显示或隐藏阴影。
- UTC+08:00 ▼ ：标准世界统一时间，选择该下拉列表中不同时区的时间，可以改变阴影变化，如图 3-27 所示。
- 【时间】选项：可以利用滑块改变时间，调整阴影变化，也可在右边的数值框中输入准确值，如图 3-28、图 3-29、图 3-30、图 3-31 所示。
- 【日期】选项：可以利用滑块调整改变日期，也可在右边框输入准确值。
- 【亮/暗】选项：主要用于调整模型和阴影的亮度和暗度，也可以在右边的数值框中输入准确值，如图 3-32、图 3-33 所示。

图 3-27 　时区时间下拉列表

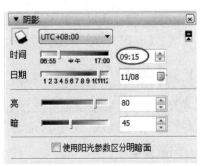

图 3-28 　【时间】选项

图 3-29　阴影变化 1

图 3-30　阴影变化 2

图 3-31　阴影变化 3

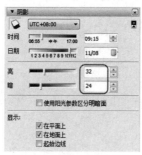

图 3-32　设置【亮/暗】

图 3-33　阴影的明暗程度示例

- 【使用阳光参数区分明暗面】复选框：选中此复选框则代表在不显示阴影的情况下，依然按场景中的太阳光来表示明暗关系，不选中此复选框则不显示。
- 【在平面上】复选框：用于启用平面阴影投射，此功能要占用大量的 3D 图形硬件资源，因此可能会导致降低性能。
- 【在地面上】复选框：用于启用在地面（红色/绿色平面）上的阴影投射。
- 【起始边线】：用于启用与平面无关的边线的阴影投射。

> **提示：**
>
> 　　SketchUp 中的时区是根据图像的坐标设置的，鉴于某些时区跨度很大，某些位置的时区可能与实际情况相差多达一个小时（有时相差的时间会更长）。夏令时不作为阴影计算的因子。

3.3　【建筑施工】工具

　　建筑施工工具又称为构造工具，主要对模型进行一些基本操作，包括【卷尺】工具、【尺寸】工具、【量角器】工具、【文字标注】工具、【轴】工具、【三维文字】工具。如图 3-34 所示为【建筑施工】工具栏。

图 3-34　【建筑施工】工具栏

3.3.1　【卷尺】工具

　　【卷尺】工具主要用于对模型上任意两点之间的距离进行测量，同时还可以拉出一条辅助线，对精确地建立模型非常有用。

1. 测量模型

下面测量一个长方体的高度和宽度。

① 创建一个长方体模型，如图 3-35 所示。

② 单击【卷尺】工具 ，鼠标指针变成一个卷尺形状，单击鼠标左键确定要测量的第一点，呈绿点状态，如图 3-36 所示。

图 3-35　创建长方体模型

图 3-36　选取测量第一点

③ 移动鼠标指针至测量的第二点，数值输入栏中会显示精度长度，测量的值和数值栏一样，如图 3-37、图 3-38 所示为测量的高度和宽度。

图 3-37　测量的高度

图 3-38　测量的长度

2. 利用辅助线精确建模

下面对长方体进行精确测量建模。

① 单击【卷尺】工具 ，单击边线中点，如图 3-39 所示。

② 按住鼠标左键不放向下拖动，拉出一条辅助线，在数值栏中输入 30mm，按 Enter 键结束，即可确定当前辅助线与边的距离为 30mm，如图 3-40 所示。

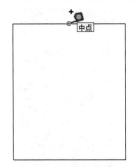

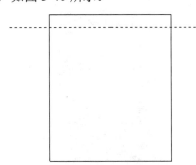

图 3-39　选中测量起点

图 3-40　绘制测量辅助线

③ 分别对其他 3 条边拖出 30mm 的辅助线，如图 3-41 所示。

④ 单击【直线】工具 ，单击辅助线相交的 4 个点，即可画出一个精确的封闭面，如图 3-42、图 3-43 所示。

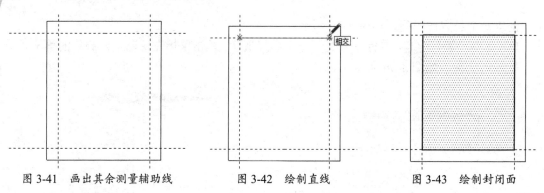

图 3-41　画出其余测量辅助线　　　图 3-42　绘制直线　　　图 3-43　绘制封闭面

⑤ 选择【视图】|【导向器】命令，即可隐藏辅助线，如图 3-44 所示。

⑥ 对精确的面添加一种半透明玻璃材质，如图 3-45 所示。

图 3-44　隐藏辅助线

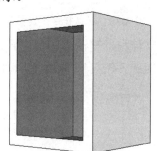

图 3-45　添加玻璃材质

3.3.2　【尺寸】工具

【尺寸】工具主要用于对模型进行精确标注，可以对中心、圆心、圆弧、边线进行标注。

 源文件：\Ch03\门.skp

1. 标注边线方法一

① 打开门模型，如图 3-46 所示，单击【尺寸】工具 ，鼠标指针变成一个箭头，单击以确定第一点，如图 3-47 所示。

图 3-46　打开门模型

图 3-47　确定标注第一点

② 移动鼠标，单击以确定第二点，如图 3-48 所示。

③ 按住鼠标左键不放向外拖动，单击进行确定，即可标注当前边线，如图 3-49、图 3-50 所示。

图 3-48　确定标注第二点

图 3-49　单击放置标注

图 3-50　完成标注

2. 标注边线方法二

① 单击【尺寸】工具，直接将鼠标指针移到边线上，边线呈蓝色状态，如图 3-51 所示。

② 按住鼠标左键不放向外拖动，即可标注当前边线，如图 3-52、图 3-53 所示。

图 3-51　选择边线

图 3-52　拖动放置标注

图 3-53　完成标注

③ 利用同样的方法对其他边进行测量，如图 3-54 所示。

④ 选中尺寸，如图 3-55 所示，按 Delete 键即可删除尺寸。

3. 标注圆心、圆弧

在场景中绘制一个圆和一段圆弧，对圆和圆弧进行标注。

① 如图 3-56 所示为绘制的圆和圆弧。

② 单击【尺寸】工具，将鼠标指针移到圆或圆弧的边线上，如图 3-57 所示。

图 3-54　完成其余标注

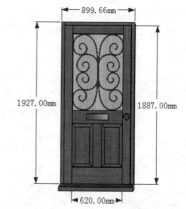

图 3-55　选中尺寸以删除

图 3-56　绘制圆及圆弧

图 3-57　选中圆弧

③　按住鼠标左键不放向外拖动，显示圆、圆弧的尺寸，如图 3-58 所示。

④　单击即可标注尺寸，标注中的 *DIA* 表示直径，圆弧中的 *R* 表示半径，如图 3-59 所示。

图 3-58　拖动鼠标标注出圆尺寸　　　　　　　　图 3-59　完成初次标注

提示：

　　对于单条直线，只需单击直线并移动鼠标，即可标注该直线的尺寸。如果尺寸失去了与几何图形的直接链接或其文字经过了编辑，则可能无法显示准确的测量值。

3.3.3　【量角器】工具

　　【量角器】工具主要用于测量角度和创建有角度的参考线，按住 Ctrl 键测量角度，不按 Ctrl 键可创建角度辅助线。

　　源文件：\Ch03\模型 1.skp

①　打开一个多边形模型，如图 3-60 所示。

②　单击【量角器】工具 🖉，鼠标指针变成量角器形状，将鼠标指针移动到要测量角度的第一点上，如图 3-61 所示。

③　拖动鼠标到第二点，单击确定测量起点，如图 3-62 所示。

④　松开鼠标，拖动测量角度的参考线，如图 3-63 所示。

⑤　将参考线移到准确测量角度的终点，即可测量当前模型的角度，如图 3-64 所示。

提示：

　　SketchUp 最高可接受 0.1° 的角度精度，按住 Shift 键单击图元，可以锁定该方向的操作。

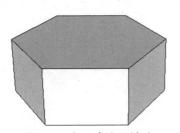

图 3-60　打开多边形模型

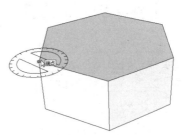

图 3-61　放置量角器

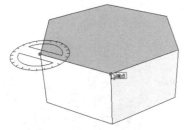

图 3-62　确定测量起点

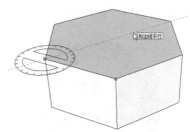

图 3-63　显示测量角度线

⑥ 单击即可测量当前角度，如图 3-65 所示，查看下方的数值栏，即可得到当前模型的角度，如图 3-66 所示。

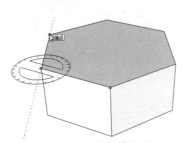

图 3-64　确定测量终点

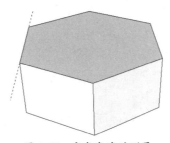

图 3-65　完成角度的测量

角度	120.0

图 3-66　查看角度值

⑦ 选中参考线，按 Delete 键将其删除，如图 3-67 所示，也可选择【编辑】|【删除参考线】命令，将辅助线删除，如图 3-68 所示。

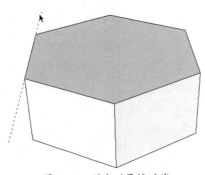

图 3-67　删除测量辅助线

图 3-68　选择【删除参考线】命令

提示：

　　参考线在 SketchUp 中又称为导向器，导向器可以隐藏，也可以删除。

3.3.4 【文字标注】工具

使用【文字标注】工具可以对模型的点、线、面等任意一个位置进行标注。

 源文件：\Ch03\窗户.skp
结果文件：\Ch03\文字标注.skp

1. 创建文字标注

对一个窗户模型进行面、线、点标注。

① 打开窗户模型，单击【文字标注】工具 ABC，单击模型面，如图 3-69 所示。

② 向外拖动鼠标，即可创建面文字标注，如图 3-70 所示。

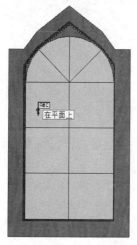

图 3-69　打开模型

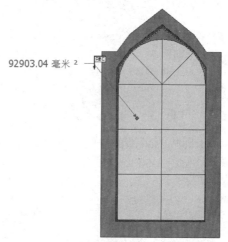

图 3-70　选中要标注的面

③ 单击即可确定面的标注，如图 3-71 所示。

④ 利用同样的方法，单击模型并向外拖动鼠标，即可创建点文字标注，如图 3-72、图 3-73 所示。

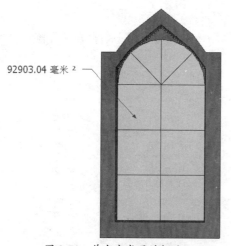

图 3-71　单击完成面的标注

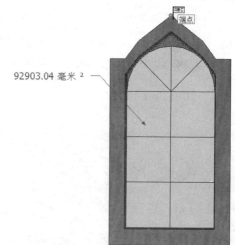

图 3-72　选中点

⑤ 对模型的线进行标注，如图 3-74、图 3-75 所示。

2. 修改文字标注

以上对模型的文字标注都是以默认的方式标注的，还可以对标注进行修改。

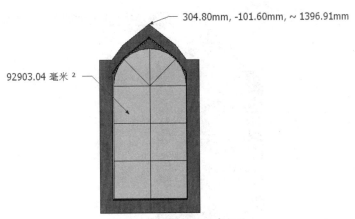

图 3-73　完成点的文字标注

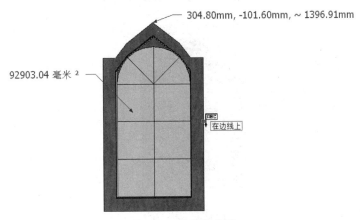

图 3-74　选择模型线

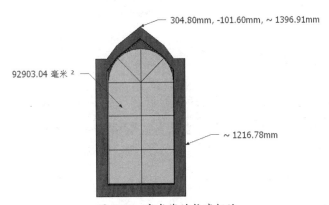

图 3-75　完成线的长度标注

① 单击【文字标注】工具，双击标注，标注呈蓝色，此时即可修改里面的内容，如图 3-76、图 3-77 所示。

② 选择【窗口】|【默认面板】|【图元信息】命令，在默认面板中展开【图元信息】面板。该面板中显示【文本】选项，如图 3-78 所示。

③ 单击【更改字体】工具，弹出【字体】对话框。在该对话框中可以对字体大小、风格进行修改，修改完成后单击 确定 按钮，如图 3-79 所示。

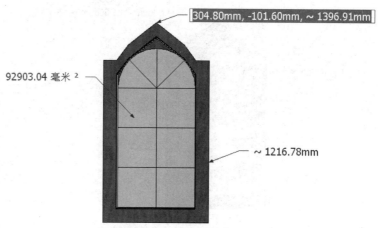

图 3-76　双击文字标注

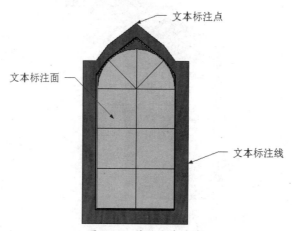

图 3-77　修改文本内容

图 3-78　【图元信息】面板

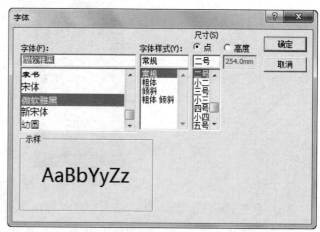

图 3-79　更改字体

④　单击颜色块，可以对文字颜色进行修改，如图 3-80 所示。

⑤　在【引线】下拉列表中可以选择引线风格，如图 3-81 所示。

⑥　设置好字体、颜色和引线后，按 Enter 键结束操作，如图 3-82 所示为修改后重新设置的文字标注。

图 3-80 更改文字颜色

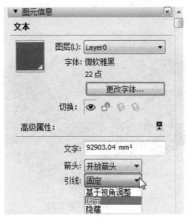

图 3-81 设置引线风格

图 3-82 修改完成的文字标注

3.3.5 【轴】工具

【轴】工具是指坐标轴，使用【轴】工具可以移动或重新确定模型中的绘图轴方向。还可以使用这个工具对没有按照默认坐标平面确定方向的对象进行更精确的比例调整。

 源文件：\Ch03\小房子.skp

1. 手动设置轴

以一个小房子模型为例，手动改变它的轴方向。

① 打开小房子模型，如图 3-83 所示。

② 单击【轴】工具 ，单击确定轴心点，如图 3-84 所示。

③ 移动鼠标指针到另一端点，单击确定 x 轴，如图 3-85 所示。

④ 移动鼠标指针到另一端点，单击确定 y 轴，如图 3-86 所示。

⑤ 通过设置轴方向，确定了当前平面，可以方便地在平面上进行绘制，如图 3-87 所示。

图 3-83 打开小房子模型

图 3-84 确定轴心点

图 3-85 指定 x 轴

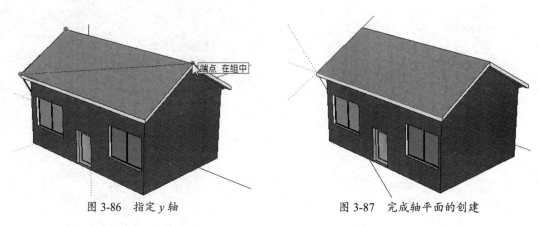

图 3-86　指定 y 轴 　　　　　　　　　　　图 3-87　完成轴平面的创建

2. 自动设置轴

以一个小房子模型为例，自动改变它的轴方向。

① 选中一个面，单击鼠标右键，选择【对齐轴】命令，即可自动将选中面设置为与 x 轴、y 轴平行的面，如图 3-88 所示。

② 如图 3-89 所示为对齐轴后的效果。

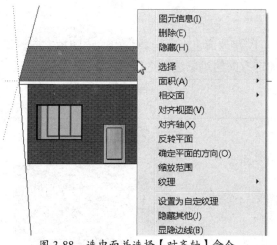

图 3-88　选中面并选择【对齐轴】命令

图 3-89　将所选面与轴自动对齐

③ 如果想恢复轴方向，可以在轴上单击鼠标右键，选择【重设】命令，即可恢复轴方向，如图 3-90 所示。

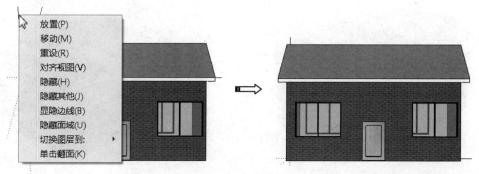

图 3-90　重设轴

3.3.6　【三维文字】工具

使用【三维文字】工具可以创建文字的三维几何图形。

　源文件：\Ch03\学校大门.skp

下面通过一个实例来讲解如何为模型添加三维文字。

① 打开学校大门模型，如图 3-91 所示。

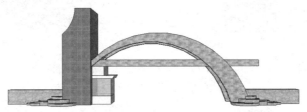

图 3-91　　打开大门模型

② 单击【三维文字】工具 ，弹出【放置三维文本】对话框，如图 3-92 所示。

③ 在文本框中输入"欣"，分别根据需要设置字体、对齐方式、高度等，如图 3-93 所示。

图 3-92　【放置三维文本】对话框

图 3-93　　输入文本

④ 单击 放置 按钮，移动鼠标将文字放置到模型面上，如图 3-94 所示。

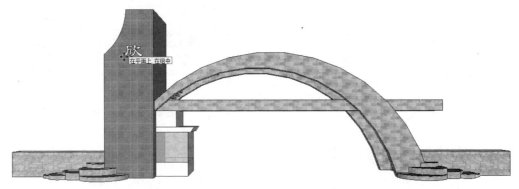

图 3-94　　放置文字到模型面上

⑤ 单击【缩放】工具 ，可以直接缩放文字，如图 3-95 所示。

⑥ 继续添加三维文字，如图 3-96 所示。

图 3-95 缩放文字

图 3-96 继续添加文字

⑦ 单击【材质】按钮 ，在默认面板区域显示的【材料】面板中，选择一种合适的材质为三维文字填充材质，如图 3-97 所示。

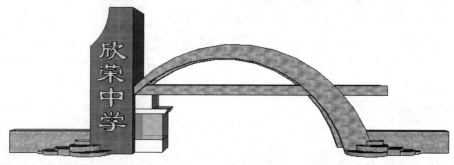

图 3-97 填充材质

提示：

　　创建三维文字时必须选中【填充】和【已延伸】复选框，否则产生的文字没有立体效果。在放置三维文字时会自动激活【移动】工具，利用【选择】工具在空白处单击即可取消【移动】工具。

3.4 【相机】工具

　　SketchUp 的相机工具主要用于对模型视图进行不同角度的观察，包括【环绕观察】工具、【平移】工具、【缩放】工具、【缩放窗口】工具、【缩放范围】工具、【上一个】工具和【下一个】工具。如图 3-98 所示为【相机】工具栏。

图 3-98 【相机】工具栏

3.4.1 【环绕观察】工具

　　使用【环绕观察】工具可以围绕模型旋转相机以全方位地观察模型。

　　源文件：\Ch03\别墅模型 1.skp

① 打开别墅模型，如图 3-99 所示。

② 单击【环绕观察】工具 ，按住鼠标左键不放拖动，观察不同方位的模型，如图 3-100 所示。

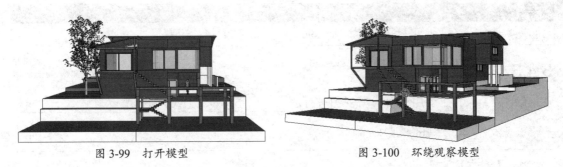

图 3-99 打开模型　　　　　　　　图 3-100 环绕观察模型

③ 在【视图】工具栏中单击不同的视图按钮，可以从不同角度观察房屋模型的结构，如图 3-101、图 3-102 所示。

图 3-101 视图角度一

图 3-102 视图角度二

3.4.2 【平移】工具

【平移】工具主要用于垂直和水平移动相机来查看模型。

① 单击【平移】工具 ，在场景中按住鼠标左键不放，进行水平方向的平移，如图 3-103 所示。

② 按住鼠标左键不放进行垂直方向的平移，如图 3-104 所示。

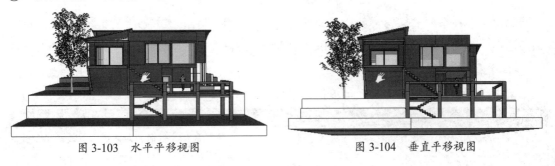

图 3-103 水平平移视图　　　　　　　　图 3-104 垂直平移视图

3.4.3 【缩放】工具

【缩放】工具主要用于对模型视图进行放大或缩小，以方便观察模型。

 源文件：\Ch03\别墅模型 2.skp

1. 【缩放】工具

① 打开别墅模型。

② 单击【缩放】工具 ，按住鼠标左键不放向上拖动，即可放大视图，向下拖动即可缩小视图，如图 3-105、图 3-106 所示为放大视图的。

图 3-105　打开模型　　　　　　　　　　　　　图 3-106　放大视图

2. 【缩放窗口】工具

【缩放窗口】工具可以用于对模型视图的某一特定部分进行放大观察。

① 单击【缩放窗口】工具 ，按住鼠标左键不放，在模型窗户的周围绘制一个矩形缩放区域，如图 3-107 所示。

② 随后使用【缩放窗口】工具将放大显示矩形区域中的视图内容，以观察模型窗户里的情景，如图 3-108 所示。

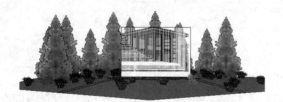 

图 3-107　绘制缩放区域　　　　　　　　　　　图 3-108　放大显示区域

3. 【上一个】和【下一个】缩放工具

单击【上一个】工具 ，即可返回上一个缩放操作。单击【下一个】工具 ，即可撤销当前返回的缩放操作。这两个工具相当于撤销与返回命令。

4. 【缩放范围】工具

单击【缩放范围】工具 ，可以把场景里的所有模型充满视窗。

3.4.4　【定位相机】工具

使用【定位相机】工具可以将相机置于特定的高度，以查看模型或在视图中漫游。第一种方法是将相机置于某一特定点上方的视线高度，第二种方法是将相机置于某一特定点，且面向特定方向。

 源文件：\Ch03\别墅模型 3.skp

1.【定位相机】工具使用方法一

① 打开别墅模型，单击【定位相机】工具 ♀，将鼠标指针移到场景中，如图 3-109 所示。

② 在数值控制栏中以"高度偏移"名称显示，输入 5000mm，确定视图高度，按 Enter 键结束操作。

③ 在场景中单击，【定位相机】工具即变成了一对眼睛，表示正在查看模型，如图 3-110 所示。

图 3-109　定位相机

图 3-110　确定相机后的模型观察

2.【定位相机】工具使用方法二

① 单击【定位相机】工具 ♀，将鼠标指针移到场景中，单击以确定视点位置，按住鼠标左键不放拖向目标点，这时产生的虚线就是视线的位置，如图 3-111 所示。

② 松开鼠标左键，即可以当前视线距离查看模型，如图 3-112 所示。这时数值控制栏以"眼睛高度"名称显示，输入不同的值可以改变视线高度查看视图。

图 3-111　确定相机视点位置

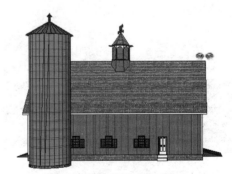

图 3-112　相机观察

提示：

　　如果从平面视图中放置相机，视图方向默认为屏幕上方，即正北方向。使用【卷尺】工具和【度量】工具可将平行构造线拖离边线，这样可实现准确的相机定位。

3.4.5 【绕轴旋转】工具

使用【绕轴旋转】工具可以围绕固定的点移动相机，类似于让一个人站立不动观察四周，即向上下（倾斜）和左右（平移）观察。【绕轴旋转】工具在观察空间内部或在使用【定位相机】工具后评估可见性时尤其有用。

① 单击【绕轴旋转】工具 👁，鼠标指针变成一双眼睛，在使用【定位相机】工具的时候，【绕轴旋转】工具被自动激活。按住鼠标左键不放，向上移或向下移可倾斜视图；向右或向左移动可平移视图。在观察时可以配合【缩放】工具、【环绕观察】工具使用。

② 如图 3-113、图 3-114 所示分别为绕轴向左和向右观察模型视图。

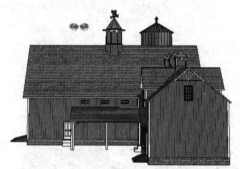

图 3-113 绕轴向左观察模型视图

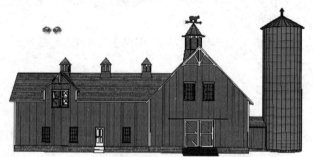

图 3-114 绕轴向右观察模型视图

3.4.6 【漫游】工具

使用【漫游】工具可以穿越模型，就像正在模型中行走一样，特别是【漫游】工具会将相机固定在某一特定高度，然后操纵相机观察模型四周，但【漫游】工具只能在透视图模式下使用。

① 单击【漫游】工具 👣，鼠标指针变成了一双脚，如图 3-115 所示。

② 在场景中的任意位置单击，多了一个"十"字光标，按住鼠标左键不放，向前拖动，就像走路一样一直往前走，直到离模型越来越近，观察越来越清楚，如图 3-116、图 3-117 所示。

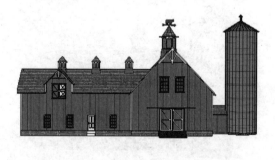

图 3-115 漫游标记

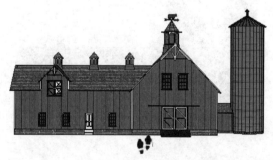

图 3-116 设置漫游起点

图 3-117 设置漫游终点时的视图

3.5 【截面】工具

SketchUp 的截面工具又称剖切工具，主要控制截面效果，使用截面工具可以很方便地观察模型内部，减少编辑模型时所需要隐藏的操作。如图 3-118 所示为【截面】工具栏。

在工具栏空白区域单击鼠标右键，选择快捷菜单中的【截面】命令，即可出现【截面】工具栏。

图 3-118 【截面】工具栏

 源文件：\Ch03\建筑模型 1.skp

① 打开建筑模型，如图 3-119 所示。
② 单击【剖切面】按钮⊕，鼠标指针所示位置显示剖切面，如图 3-120 所示。

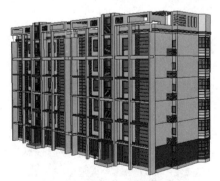

图 3-119 打开模型

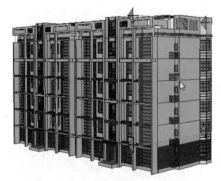

图 3-120 显示剖切面

③ 将截面在建筑模型的某个面上单击，即可添加截面效果，如图 3-121 所示。
④ 单击【选择】工具▶，单击后截面呈蓝色选中状态，如图 3-122 所示。
⑤ 单击【移动】工具❖，按住鼠标左键不放，可以移动截面，以观察模型建筑内部结构，如图 3-123 所示。
⑥ 添加截面后如果再单击【显示剖切面】按钮◈和【显示截面切割】按钮◈，将恢复到原始状态，不会显示剖切面与剖切效果。

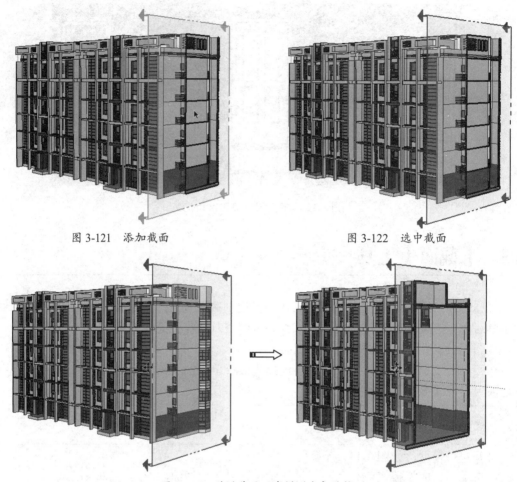

图 3-121 添加截面   图 3-122 选中截面

图 3-123 移动截面观察模型内部结构

⑦ 再单击【显示截面切割】按钮 🔘，将显示剖切效果，如图 3-124 所示。

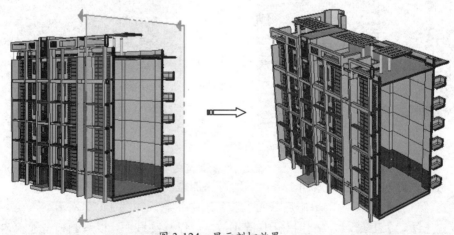

图 3-124 显示剖切效果

提示：

　　截面工具只能隐藏部分模型而不是删除模型，如果【截面】工具栏里所有的工具按钮都不选择，则可以恢复模型为完整模型。

3.6　【视图】工具

利用【视图】工具栏中的工具可以对模型进行不同角度的观看，包括等轴视图、俯视图、主视图、右视图、后视图和左视图。如图 3-125 所示为【视图】工具栏。

图 3-125　【视图】工具栏

在工具栏空白区域单击鼠标右键，并在弹出的快捷菜单中选择【视图】命令，即可调出【视图】工具栏。

源文件：\Ch03\别墅模型 4.skp

① 打开建筑模型，单击【等轴】按钮，显示等轴视图，如图 3-126 所示。

② 单击【俯视图】按钮，显示俯视图，如图 3-127 所示。

图 3-126　显示等轴视图

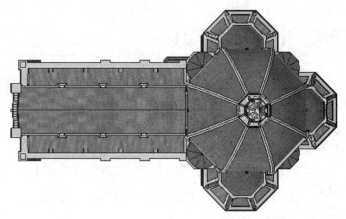

图 3-127　显示俯视图

③ 单击【主视图】按钮，显示主视图，如图 3-128 所示。

④ 单击【右视图】按钮，显示右视图，如图 3-129 所示。

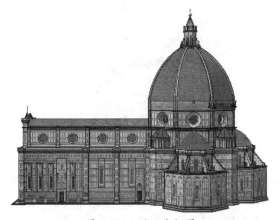

图 3-128　显示主视图

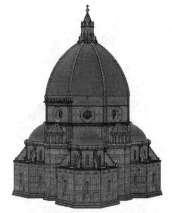

图 3-129　显示右视图

⑤ 单击【后视图】按钮，显示后视图，如图 3-130 所示。

⑥ 单击【左视图】按钮，显示左视图，如图 3-131 所示。

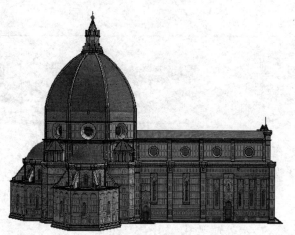

图 3-130　显示后视图

图 3-131　显示左视图

3.7　【风格】工具

【风格】工具栏中的工具主要用于将模型以不同类型的风格（也称"样式"）显示，包括 X 光透射模式、后边线、线框、消隐、阴影、材质贴图和单色7 种显示模式，如图 3-132 所示为【风格】工具栏。

图 3-132　【风格】工具栏

在工具栏空白处单击鼠标右键，选择快捷菜单中的【风格】命令，即可调出【风格】工具栏。

　源文件：\Ch03\风车.skp

① 打开风车模型，单击【X 光透射模式】按钮 🔲，显示 X 射线风格，如图 3-133 所示。
② 单击【后边线】按钮 🔲，显示后边线风格，如图 3-134 所示。

图 3-133　显示 X 射线风格

图 3-134　显示后边线风格

③ 单击【线框】按钮 🔲，显示线框风格，如图 3-135 所示。
④ 单击【消隐】按钮 🔲，显示隐藏线风格，如图 3-136 所示。
⑤ 单击【阴影】按钮 🔲，显示阴影风格，如图 3-137 所示。
⑥ 单击【材质贴图】按钮 🔲，显示阴影纹理风格，如图 3-138 所示。

⑦ 单击【单色】按钮◥，显示单色风格，如图 3-139 所示。

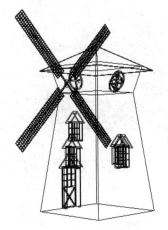

图 3-135 显示线框风格

图 3-136 显示隐藏线风格

图 3-137 显示阴影风格

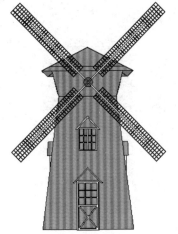

图 3-138 显示阴影纹理风格

图 3-139 显示单色风格

3.8 案例——填充房屋材质

本案例主要利用材质工具为一个房屋模型填充适合的材质，如图 3-140 所示为效果图。

图 3-140 材质效果图

源文件：\Ch03\房屋模型.skp

结果文件：\Ch03\填充房屋材质.skp

视频：\Ch03\填充房屋材质.wmv

① 打开本例源文件【房屋模型.skp】，如图 3-141 所示。

图 3-141　打开模型

② 在默认面板区域如果没有显示【材料】面板，可在菜单栏选择【窗口】|【默认面板】|【材料】命令，弹出【材料】面板，如图 3-142 所示。

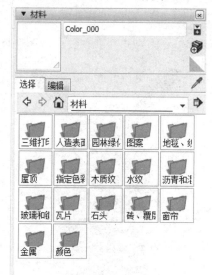

图 3-142　【材料】面板

③ 在【材料】面板中的【选择】选项卡中选择复古砖材质，填充墙体，如图 3-143 所示。

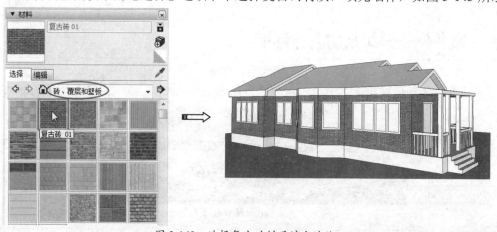

图 3-143　选择复古砖材质填充墙体

④ 如果填充的材质尺寸过大或者过小，可以在【编辑】选项卡中修改材质尺寸，如图 3-144 所示。

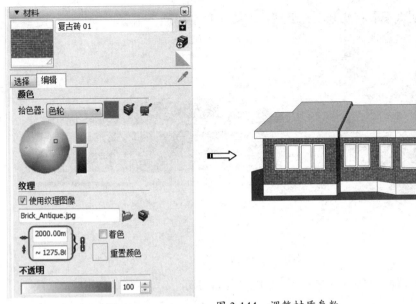

图 3-144　调整材质参数

⑤　继续选择【沥青屋顶瓦】材质，填充屋顶，如图 3-145 所示。

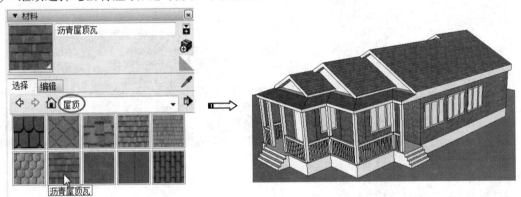

图 3-145　填充屋顶

⑥　选择【颜色适中的竹木】木质纹材质，填充门和窗框，如图 3-146 所示。

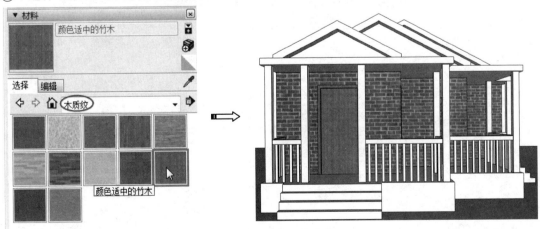

图 3-146　填充门和窗框

⑦ 选择【染色半透明玻璃】材质来填充玻璃，如图 3-147 所示。

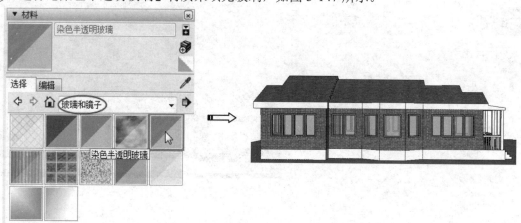

图 3-147　填充玻璃

⑧ 选择【人造草被】草皮材质，填充地面，如图 3-148 所示。

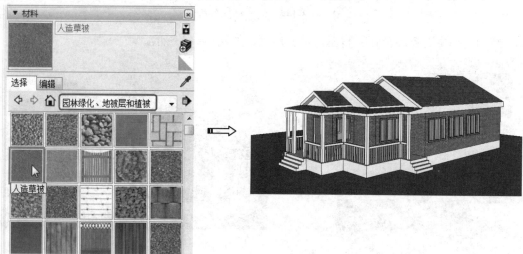

图 3-148　填充地面

CHAPTER 4

模型编辑与属性设置

本章导读

前面介绍了 SketchUp 的入门操作及基本建模辅助工具，使大家对软件有了基本认识。本章将介绍 SketchUp 中对象的操作、编辑与基本设置等。

学习要点

- ☑ 组件设置
- ☑ 群组设置
- ☑ 材质设置
- ☑ 风格设置
- ☑ 柔化边线设置
- ☑ 阴影与场景的应用
- ☑ 照片匹配

扫码看视频

4.1　组件设置

SketchUp 的组件就是一个或多个几何体组合，使用组件操作起来更为方便。用户可以自己制作组件，也可以下载组件，在模型中当要重复制作某部分时，组件能使设计师的工作效率大大提高。

4.1.1　创建组件的方法

- 选择【编辑】|【创建组件】命令，如图 4-1 所示。
- 选中模型，单击鼠标右键，选择【创建组件】命令，如图 4-2 所示。

图 4-1　在菜单栏中选择命令

图 4-2　选择快捷菜单中的命令

4.1.2　组件右键菜单命令

- 删除：删除当前组件。
- 隐藏：对选中组件进行隐藏。若取消隐藏组件，选择【编辑】|【取消隐藏】命令即可。对选中组件还可以进行锁定，锁定的组件呈红色选中状态，不能对其进行任何操作。若要解除锁定，选择【编辑】|【解锁】命令即可，如图 4-3 所示为锁定状态。
- 分解：将组件进行拆分。
- 翻转方向：将当前组件按轴方向进行翻转，如图 4-4 所示。

 源文件：\Ch03\圆桌.skp

① 打开圆桌模型，选中整个模型，如图 4-5 所示。
② 单击鼠标右键，选择快捷菜单中的【创建组件】命令，弹出【创建组件】对话框，如图 4-6 所示。

图 4-3　模型锁定状态

图 4-4　翻转模型

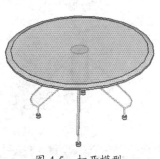

图 4-5　打开模型

图 4-6　【创建组件】对话框

③　单击　创建　按钮，即可创建组件，如图 4-7 所示。

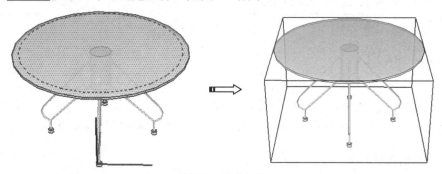

图 4-7　创建组件

> **提示：**
> 　　一般要选中【切割开口】复选框，表示应用组件与表面相交位置自动开口。例如，在自定义门、窗时，需要在墙面上绘制并自定义，这样才能切割出门、窗洞口。

　　源文件： \Ch03\壁灯.skp

④　打开壁灯模型，该模型已创建组件，如图 4-8 所示。

⑤　双击进入组件编辑状态，如图 4-9 所示。

⑥　选中灯罩面，填充一种材质，如图 4-10、图 4-11、图 4-12 所示。

⑦　在空白处单击，即可取消组件编辑状态，如图 4-13 所示。

图 4-8　打开模型

图 4-9　进入组件编辑状态

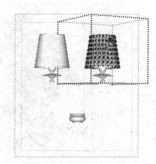

图 4-10　选中灯罩面

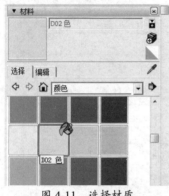

图 4-11　选择材质

图 4-12　完成材质添加

图 4-13　取消组件编辑

提示：

当遇到双击组件进入编辑状态后，仍然不能直接对其进行编辑时，则里面包含了群组，需要再次双击群组，才可对其进行编辑，这是一种嵌套群组。

4.2　群组设置

SketchUp 中的群组就是将一些点、线、面或实体进行组合，群组可以临时管理一些组件，对于设计师来说操作非常方便。本节主要介绍创建群组、编辑群组等知识。

4.2.1　群组的优点

- 选中一个组就可以选中组内所有的元素。
- 如果已经形成了一个组，那么还可以再次创建群组。
- 组与组之间相互操作不影响。
- 可以用组来划分模型结构，对同一组可以一起添加材质，节省了单一填充材质的时间。

4.2.2　创建群组的方法

- 选中要创建群组的物体，选择【编辑】|【创建群组】命令，如图 4-14 所示。
- 选中要创建群组的物体，单击鼠标右键，选择【创建群组】命令，如图 4-15 所示。

图 4-14　通过菜单栏选择命令　　　　　　　图 4-15　通过快捷菜单选择命令

4.2.3　群组快捷菜单命令

选中群组，单击鼠标右键，出现常用的操作群组的命令。

● 删除：删除当前群组。

● 隐藏：对选中群组进行隐藏。若取消隐藏群组，选择【编辑】|【取消隐藏】|【全部】命令即可，如图 4-16 所示。

● 锁定：对选中群组进行锁定，锁定群组呈红色选中状态，不能对它进行任何操作。若取消锁定，再次单击鼠标右键，选择【解锁】命令即可，如图 4-17 所示。

● 分解：可以将群组拆分成多个组，如图 4-18 所示。

图 4-16　选择【取消隐藏】命令　　　　图 4-17　选择【解锁】群组命令　　　图 4-18　拆分群组

源文件：\Ch03\帐篷.skp

① 打开帐篷模型，如图 4-19 所示。
② 选中模型，单击鼠标右键，选择【创建群组】命令，如图 4-20 所示。

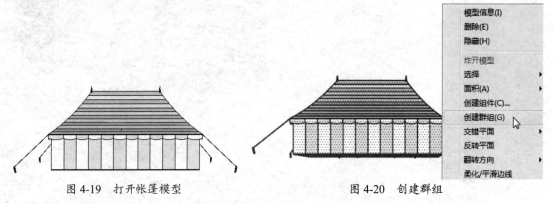

图 4-19　打开帐篷模型　　　　　　　　　图 4-20　创建群组

③ 双击群组，使其呈编辑状态，如图 4-21 所示。
④ 单击群组内任意一部分，可进行单独的操作，如图 4-22 所示。
⑤ 依次双击群组，给群组添加材质，如图 4-23 所示。

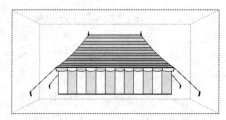

图 4-21　进入群组编辑状态

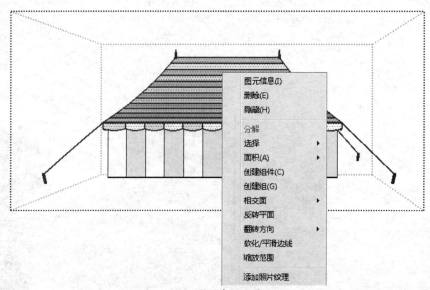

图 4-22　单独操作

⑥ 在空白处单击即可取消群组编辑，如图 4-24 所示。

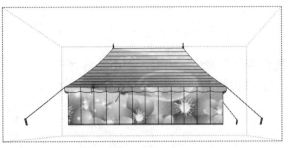
图 4-23　添加材质

图 4-24　取消群组编辑

4.3　材质设置

SketchUp 的【材料】面板主要用于控制材质应用、添加、删除、编辑，材质库非常丰富，功能强大，可以对边线、面、组等直接应用丰富多彩的材质，让一个简单的模型看起来更直观、更现实。

在【材料】面板中，打开如图 4-25 所示的选择材质的【选择】选项卡。

- ![icon]：显示辅助选择窗格，如图 4-26 所示。
- 【创建材质】按钮：单击此按钮，弹出【创建材质】对话框，可以对选中的材质进行修改，如图 4-27 所示。

图 4-25　【选择】选项卡

图 4-26　显示辅助窗格

图 4-27　【创建材质】对话框

- ：将材质恢复到预设风格。
- ：样本颜料，吸取当前选中材质的风格。
- 【选择】选项卡：选择不同材质，图中为默认材质文件夹。
- 【编辑】选项卡：对材质进行编辑，如果场景没有使用材质，则呈灰色状态。

源文件：\Ch03\沙发 skp

① 打开沙发模型，如图 4-28 所示。

② 选择【指定色彩】文件夹中的 0033 钠瓦白色来填充沙发模型，如图 4-29 所示。

③ 【编辑】选项卡如图 4-30 所示。接下来通过【编辑】选项卡中的选项来编辑材质。

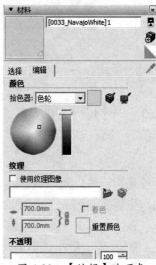

图 4-28　打开模型　　　　　　图 4-29　填充颜色　　　　　　图 4-30　【编辑】选项卡

● 颜色：对当前材质进行颜色修改，可以利用拾色器修改颜色，如图 4-31 所示为在拾色器中修改颜色，如图 4-32 所示为修改颜色后的材质。

● 还原颜色▢：当对设置的颜色不满意时，单击此按钮，即可恢复材质原来的颜色。

● 匹配🖌：用于匹配模型中对象的颜色。

● 匹配屏幕上的颜色🖌：用于匹配场景中背景的颜色。

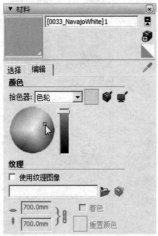

图 4-31　在拾色器中修改颜色　　　　　图 4-32　修改颜色后的材质

● 纹理：选中【使用纹理图像】复选框，单击【浏览材质图像文件】按钮🖌，可以添加一张图片作为自定义纹理材质，如图 4-33、图 4-34 所示。

● 宽度和高度：如果对当前材质填充效果不满意，可以更改宽度和高度，使材质填充得更均匀，如图 4-35、图 4-45 所示。

图 4-33 选择图像文件

图 4-34 自定义材质纹理的效果

图 4-35 设置纹理大小

图 4-36 纹理效果

4.4 风格设置

SketchUp 风格设置用于控制 SketchUp 不同的显示风格,包含选择不同的设计风格,也包含对边线、平面、背景、水印、建模的编辑,还有两种风格的混合效果,内容丰富,是 SketchUp 中很重要的一个功能。

在【风格】面板中显示风格管理选项,如图 4-37 所示。

4.4.1 显示风格

下面以展示一个建筑模型的不同风格为例,来介绍 SketchUp 的显示风格。

图 4-37 【风格】面板

 源文件:\Ch03\建筑模型 3.skp

① 打开建筑模型,如图 4-38 所示。

② 在【风格】面板中,打开【选择】选项卡,在【Style Builder 竞赛获奖者】类型下选择【带框的染色边线】风格,如图 4-39 所示。

③ 如图 4-40 所示为设置【手绣】风格及效果。

图 4-38　打开模型

图 4-39　设置【带框的染色边线】风格

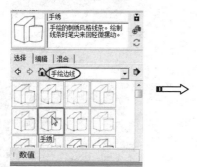

图 4-40　设置【手绣】风格及效果

④　如图 4-41 所示为设置【分层样式】混合风格及效果。

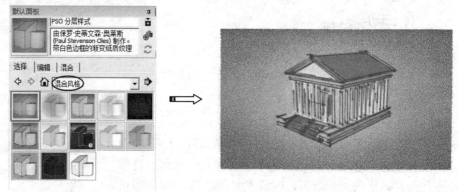

图 4-41　设置【分层样式】混合风格及效果

⑤　如图 4-42 所示为设置【沙岩色和蓝色】风格及效果。

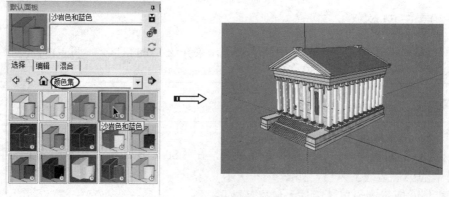

图 4-42　设置【沙岩色和蓝色】风格及效果

4.4.2　编辑风格

下面对一个景观塔模型的背景颜色进行不同的设置。

 源文件：\Ch03\景观塔.skp

① 打开模型，在【风格】面板的【编辑】选项卡中单击【背景设置】按钮🔲，如图 4-43 所示为默认的背景风格。

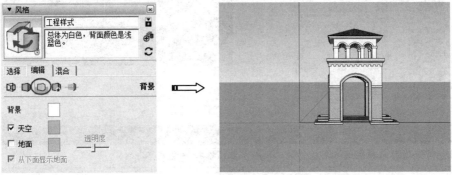

图 4-43　默认背景风格

② 选中【地面】复选框，则背景以地面颜色显示，如图 4-44 所示。

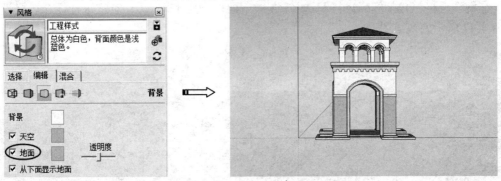

图 4-44　以地面颜色显示

③ 取消选中【天空】复选框，则会以背景颜色显示，如图 4-45 所示。

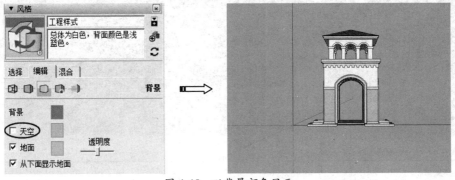

图 4-45　以背景颜色显示

④ 单击颜色块，即可修改当前背景颜色，如图 4-46 所示。

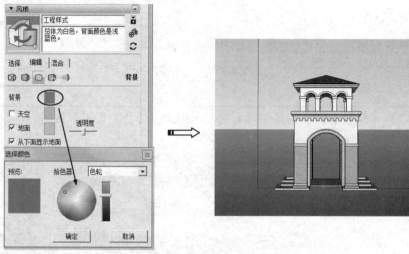

图 4-46　改变背景颜色

4.4.3　案例——创建混合水印风格

在混合风格里包括编辑风格和选择风格，下面以一座木桥为例，对它进行混合风格设置，如图 4-47 所示为效果图。

图 4-47　效果图

源文件：\Ch03\木桥.skp、水印图片.jpg

结果文件：\Ch03\混合水印风格.skp

视频：\Ch03\混合水印风格.wmv

① 打开木桥模型，如图 4-48 所示。

图 4-48　打开模型

② 在【风格】面板中的【混合】选项卡中，在【混合风格】中选择一种风格，如图 4-49
所示，也可吸取当前风格。一旦移动鼠标指针到混合设置区域，则鼠标指针又变成了
一个油漆桶形状，如图 4-50 所示。

图 4-49　选择风格

图 4-50　鼠标指针变为油漆桶形状

③ 依次单击【边线设置】、【背景设置】及【水印设置】按钮，即可完成混合风格效果的应
用，如图 4-51 所示。

④ 在【编辑】选项卡中单击【水印设置】按钮，弹出【水印设置】界面，如图 4-52
所示。

⑤ 单击【添加水印】按钮⊕，弹出【选择水印】对话框，选择一张图片，如图 4-53 所示。
所选图片以背景的形式显示在场景中，如图 4-54 所示。

⑥ 依次单击 下一个 >> 按钮，对水印背景进行设置，如图 4-55 所示。

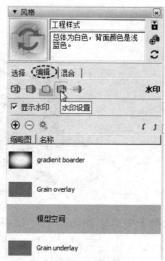

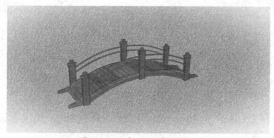

图 4-51　应用混合风格

图 4-52　水印设置

图 4-53　添加水印图片

图 4-54　应用水印

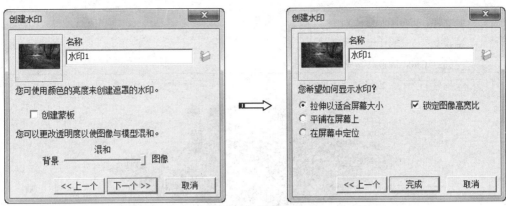

图 4-55　设置水印

⑦　单击 完成 按钮，即可完成混合水印风格背景的设置，如图 4-56 所示。

图 4-56　创建完成的混合水印风格背景

4.5　雾化设置

SketchUp 中的雾化设置能给模型增加一种起雾的特殊效果。在【雾化】面板中显示各个选项，如图 4-57 所示。

4.5.1　案例——创建商业楼雾化效果

本例对一片商业区模型进行雾化设置操作，如图 4-58 所示为雾化效果。

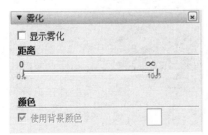

图 4-57　【雾化】面板

图 4-58　雾化效果

源文件：\Ch04\商业楼.skp

结果文件：\Ch04\商业楼雾化效果.skp

视频：\Ch04\商业楼雾化效果.wmv

① 打开商业楼模型，如图 4-59 所示。

图 4-59　打开商业楼模型

② 在【雾化】面板中选中【显示雾化】复选框，给模型场景添加雾化效果，如图 4-60 所示。

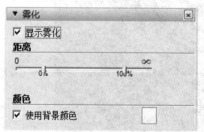

图 4-60　添加雾化效果

③ 取消选中【使用背景颜色】复选框，如图 4-61 所示，单击颜色块，如图 4-62 所示，可设置不同颜色的雾化效果，如图 4-63 所示。

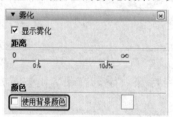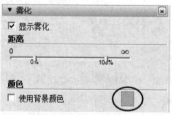

图 4-61　取消使用背景颜色 　　　　　　　图 4-62　单击颜色块

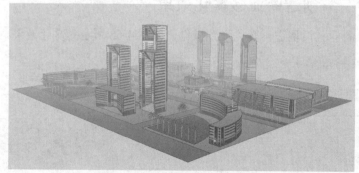

图 4-63　设置不同颜色的雾化效果

4.5.2　案例——创建渐变色天空

本例主要应用风格、雾化设置功能来完成渐变天空的创建，如图 4-64 所示为效果图。

图 4-64　渐变天空效果

　源文件：\Ch04\住宅模型 1.skp
结果文件：\Ch04\渐变颜色天空.skp
视频：\Ch04\渐变颜色天空.wmv

① 打开住宅模型，如图 4-65 所示。

图 4-65　打开住宅模型

② 在【风格】面板的【编辑】选项卡中，单击【背景设置】按钮 ◌，如图 4-66 所示。

③ 在【背景设置】界面选中【天空】和【地面】复选框，如图 4-67 所示。

图 4-66　单击【背景设置】按钮

图 4-67　选中【天空】和【地面】复选框

④ 单击相应的颜色块来调整颜色，将天空颜色调整为天蓝色，如图 4-68、图 4-69 所示。

⑤ 在【雾化】面板中选中【显示雾化】复选框，取消选中【使用背景颜色】复选框，选择一种橘黄色，如图 4-70、图 4-71 所示。

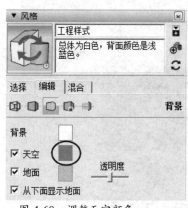

图 4-68　调整天空颜色

图 4-69　调整天空颜色的效果

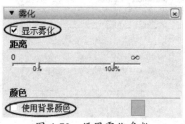

图 4-70　设置雾化参数

图 4-71　设置雾化颜色

⑥ 将【距离】选项下的两个滑块调到两端，如图 4-72 所示，天空即由蓝色渐变到橘黄色，如图 4-73 所示。

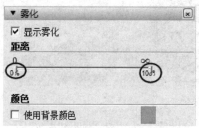

图 4-72　调整渐变

图 4-73　最终的渐变效果

4.6　柔化边线设置

柔化边线主要是指柔化线与线之间的区域，拖动滑块调整角度大小，角度越大，边线越平滑，选中【平滑法线】复选框可以使边线平滑，选中【软化共面】复选框可以使边线软化。

【柔化边线】面板中会显示柔化边线的相关选项，如图 4-74 所示。

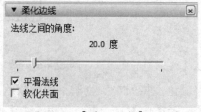

图 4-74　【柔化边线】面板

案例——创建雕塑柔化边线效果

源文件：\Ch04\雕塑.skp

结果文件：\Ch04\雕塑柔化边线效果.skp

视频：\Ch04\雕塑柔化边线效果.wmv

本例主要应用了【柔化边线】设置功能，对一个景观小品雕塑的边线进行柔化，如图 4-75 所示为效果图。

① 打开雕塑模型，选中模型，【柔化边线】对话框中的选项变为可用，如图 4-76 所示。

图 4-75 雕塑柔化边线效果 　　　　　　 图 4-76 打开模型并选中模型

② 在【柔化边线】对话框中拖动滑块，对边线进行柔化，如图 4-77 所示。

③ 选中【软化共面】复选框，调整后的平滑法线和软化共面效果如图 4-78 所示。

图 4-77 柔化边线 　　　　　　　 图 4-78 软化共面

提示：

只有选中模型才会激活【柔化边线】对话框中的选项，若未选中模型，则对话框中的选项以灰色状态显示。

4.7 阴影与场景的应用

利用【阴影】功能，可以在渲染场景时添加真实的阴影效果。【阴影】面板如图 4-79 所示。
SketchUp 的【场景】面板用于控制 SketchUp 的场景，【场景】面板中包含所选模型的
所有场景信息，列表中的场景会按在运行动画时显示的顺序显示。

【场景】面板如图 4-80 所示。

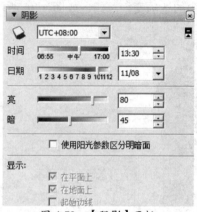

图 4-79 【阴影】面板

图 4-80 【场景】面板

4.7.1 案例——创建阴影动画

本例主要结合【阴影】面板和【场景】面板完成一个模型的阴影动画。

源文件：\Ch04\住宅模型 2.skp
结果文件：\Ch04\阴影动画场景.skp、阴影动画视频.avi
视频：\Ch04\阴影动画.wmv

图 4-81 打开住宅模型

① 打开住宅模型，如图 4-81 所示。
② 在默认面板区域展开【阴影】面板，如图 4-82 所示。
③ 将阴影【日期】设为 2018 年 11 月 15 日，如图 4-83 所示。
④ 将阴影【时间】滑块拖动到最左边（凌晨），如图 4-84 所示。
⑤ 在菜单栏中选择【编辑】|【阴影】命令，显示模型阴影，如图 4-85 所示。
⑥ 在【场景】面板中单击【添加场景】按钮⊕，创建【场景号 1】，如图 4-86 所示。
⑦ 将阴影【时间】滑块拖动到中午，如图 4-87 所示。
⑧ 单击【添加场景】按钮⊕，创建【场景号 2】，如图 4-88 所示【场景号 2】的阴影效果如图 4-89 所示。
⑨ 将阴影【时间】滑块拖动到最右边的傍晚。单击【添加场景】按钮⊕，创建【场景号 3】，阴影效果如图 4-90 所示。

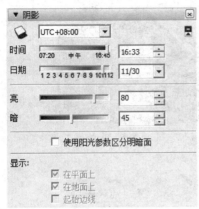

图 4-82 展开【阴影】面板

图 4-83 设置阴影日期

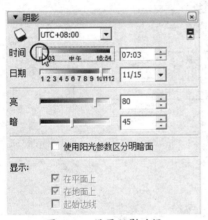

图 4-84 设置阴影时间

图 4-85 显示模型阴影

图 4-86 创建【场景号 1】

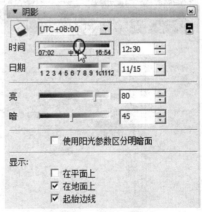

图 4-87 设置阴影时间

⑩ 在菜单栏中选择【窗口】|【模型信息】命令，弹出【模型信息】对话框，设置动画参数，如图 4-91 所示。

⑪ 在绘图区上方场景号位置单击鼠标右键，选择【播放动画】命令，在弹出的【动画】对话框中单击【播放】按钮，如图 4-92 所示。

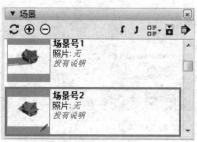

图 4-88　创建【场景号 2】

图 4-89　【场景号 2】的阴影效果

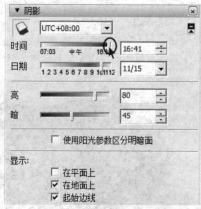

图 4-90　设置阴影时间并创建【场景号 3】

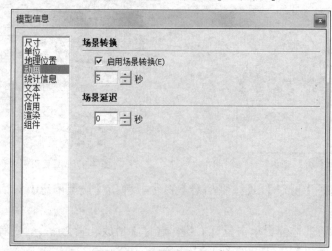

图 4-91　设置模型动画参数

⑫ 在菜单栏中选择【文件】|【导出】|【动画】|【视频】命令，将阴影动画导出，如图 4-93 所示。

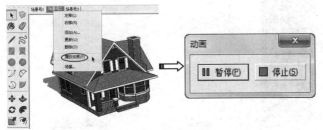

图 4-92 播放动画

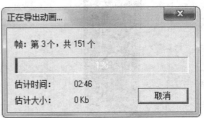

图 4-93 导出阴影动画

4.7.2 案例——创建建筑生长动画

本例主要利用【截面】工具和场景设置功能来完成建筑生长动画。

源文件：\Ch04\建筑模型 4.skp

结果文件：\Ch04\建筑生长动画场景.skp、建筑生长动画视频.avi

视频：\Ch04\建筑生长动画.wmv

① 打开建筑模型，如图 4-94 所示。

② 将整个模型选中，单击鼠标右键，选择【创建组】命令，创建一个组，如图 4-95 所示。

图 4-94 打开模型

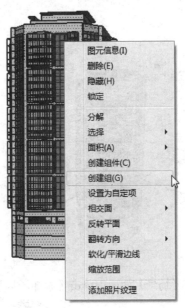

图 4-95 创建组

③ 双击模型进入组编辑状态，如图 4-96 所示。在【截面】工具栏中单击【截面】按钮⊕，在模型底部添加一个截面，如图 4-97、图 4-98 所示。

④ 将截面选中，单击【移动】按钮✛，按住 Ctrl 键不放，向上复制出 3 个截面，如图 4-99 所示。

⑤ 选择第一层截面，单击鼠标右键，选择【显示剖切】命令，仅显示第一层截面，其他截面则自动隐藏，如图 4-100 所示。

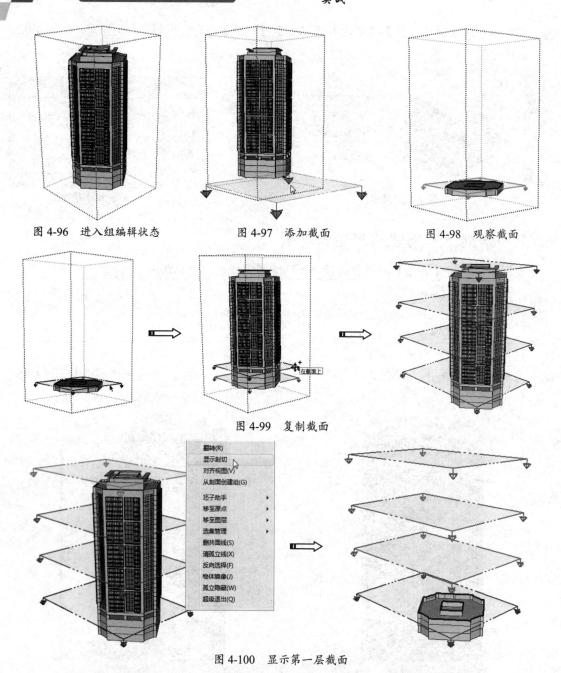

图 4-96 进入组编辑状态　　　　图 4-97 添加截面　　　　图 4-98 观察截面

图 4-99 复制截面

图 4-100 显示第一层截面

⑥ 在【场景】面板中单击【添加场景】按钮⊕，创建【场景号 1】，如图 4-101 所示。

图 4-101 创建【场景号 1】

⑦ 选中截面 2，单击鼠标右键，选择【显示剖切】命令，然后创建【场景号 2】，如图 4-102 所示。

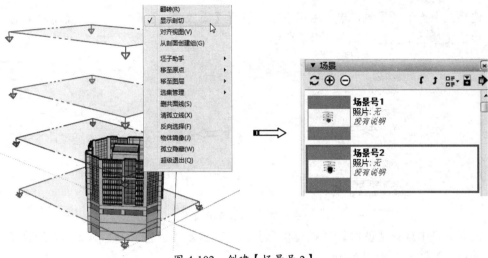

图 4-102 创建【场景号 2】

⑧ 选中截面 3, 单击鼠标右键, 选择【显示剖切】命令, 然后创建【场景号 3】, 如图 4-103 所示。

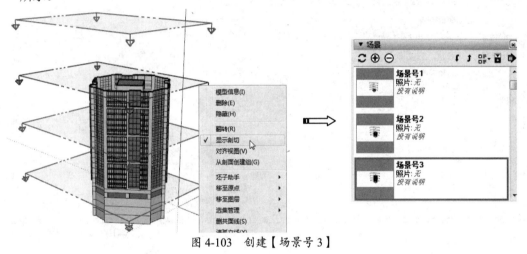

图 4-103 创建【场景号 3】

⑨ 选中截面 4, 单击鼠标右键, 选择【显示剖切】命令, 创建【场景号 4】, 如图 4-104 所示。

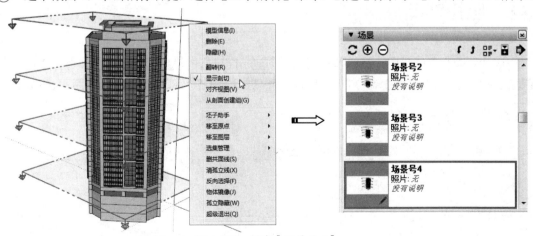

图 4-104 创建【场景号 4】

⑩ 选择左上方的场景号，单击鼠标右键，选择【播放动画】命令，弹出【动画】对话框，单击【播放】按钮，如图 4-105 所示。

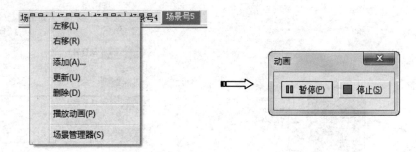

图 4-105　播放动画设置

⑪ 在菜单栏中选择【窗口】|【模型信息】命令，弹出【模型信息】对话框，选择【动画】选项，参数设置如图 4-106 所示。

⑫ 选择【文件】|【导出】|【动画】|【视频】命令，将动画导出，如图 4-107 所示。

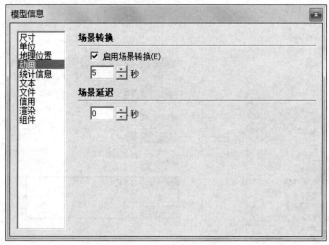

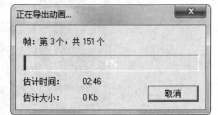

图 4-106　参数设置　　　　　　　　　　图 4-107　导出动画

4.8　照片匹配

照片匹配功能能将照片与模型相匹配，创建不同风格的模型。在菜单栏中选择【窗口】|【默认面板】|【照片匹配】命令，在默认面板区域显示【照片匹配】面板，如图 4-108 所示。

案例——照片匹配建模

下面以一张简单的建筑照片为例，进行照片匹配建模的操作。

源文件：\Ch04\照片.jpg

结果文件：\Ch04\照片匹配建模.skp

视频：\Ch04\照片匹配建模.wmv

① 在【照片匹配】面板中单击 ⊕ 按钮，导入所需照片，从本例源文件夹中打开【照片.jpg】图像文件，如图 4-109 所示。

图 4-108　【照片匹配】面板

图 4-109　新建照片匹配

② 调整红绿色轴上的 4 个控制点，单击鼠标右键，选择【完成】命令，鼠标指针变成一支笔，如图 4-110 所示。

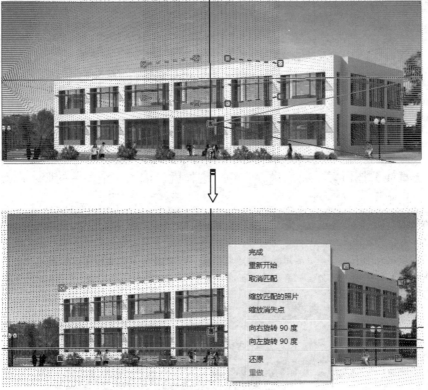

图 4-110　调整控制点

③ 绘制模型轮廓，使它形成一个面，如图 4-111 所示。

技巧提示：

　　绘制封闭的曲线后会自动创建一个面。

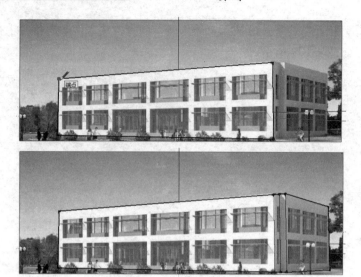

图 4-111　绘制封闭的轮廓

④ 在【照片匹配】面板中单击 ▢从照片投影纹理▢ 按钮，将纹理投射到模型上，选择场景左上方的【照片】选项卡，单击鼠标右键，选择【删除】命令，将照片删除，如图 4-112 所示。

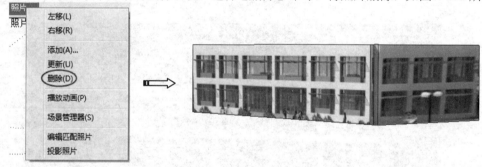

图 4-112　删除照片

⑤ 单击【直线】按钮✏️，将面进行封闭，这样就形成了一个简单的照片匹配模型，如图 4-113 所示。

> 提示：
> 　　调整红绿色轴的方法是分别平行于该面的上水平沿和下水平沿（当然在画面中不是水平，但在空间中是水平的，表示与大地平行）。然后用绿色的虚线界定另一个与该面垂直的面，同样是平行于该面的上下水平沿。此时能看到蓝线（即 Z 轴）垂直于画面中的地面，绿线与红线在空间中互相垂直形成了 XY 平面。

图 4-113　绘制封闭曲线

CHAPTER 5

建筑、园林、景观小品设计

本章导读

本章主要介绍 SketchUp 中常见的建筑、园林、景观小品的设计方法，并以真实的设计图来表现模型在日常生活中的应用。

学习要点

- ☑ 建筑单体设计
- ☑ 园林水景设计
- ☑ 园林植物造景设计
- ☑ 园林景观设施小品设计
- ☑ 园林景观提示牌设计

扫码看视频

5.1 建筑单体设计

本节以实例的方式讲解利用 SketchUp 设计建筑单体的方法，包括创建建筑凸窗、花形窗户、小房子，如图 5-1、图 5-2 所示为常见的建筑窗户和小房屋设计效果图。

5.1.1 案例——创建建筑凸窗

本案例主要利用绘制工具制作建筑凸窗，如图 5-3 所示为效果图。

图 5-1 建筑窗户

图 5-2 房子模式

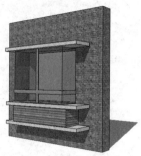

图 5-3 建筑凸窗效果

 结果文件：\Ch05\建筑单体设计\建筑凸窗.skp
视频：\Ch05\建筑凸窗.wmv

① 单击【矩形】按钮 ▨，绘制一个长、宽都为 5000mm 的矩形，如图 5-4 所示。

② 单击【推/拉】按钮 ♨，推拉 500mm，效果如图 5-5 所示。

③ 单击【矩形】按钮 ▨，绘制一个长为 2500mm、宽为 2000mm 的矩形，如 5-6 所示。

图 5-4 绘制矩形 1

图 5-5 推拉出立体效果

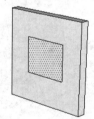

图 5-6 绘制矩形 2

④ 单击【推/拉】按钮 ♨，向里推 500mm，如图 5-7 所示。

⑤ 单击【直线】按钮 ✐，参考孔洞绘制一个封闭面，如图 5-8 所示；单击【推/拉】按钮 ♨，向外拉 600mm，如图 5-9 所示。

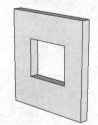

图 5-7 推拉出孔洞

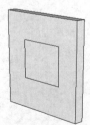

图 5-8 制矩形封闭面

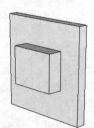

图 5-9 创建推拉效果

⑥　利用【矩形】工具▨和【推/拉】工具👆，绘制出如图 5-10 所示的长方体。

⑦　选中长方体的所有面，再选择【编辑】|【创建群组】命令，创建群组，以便于整体操作，如图 5-11 所示。

⑧　单击【移动】按钮✛，按住 Ctrl 键不放，将长方体群组竖直向下及向上复制，如图 5-12 所示。

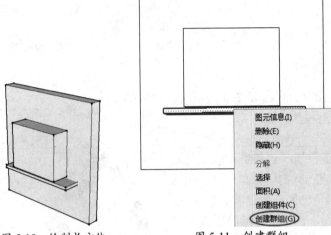

图 5-10　绘制长方体　　　　图 5-11　创建群组　　　　图 5-12　移动并复制长方体群组

⑨　单击【矩形】按钮▨，在墙面上绘制相互垂直的两个矩形面，如图 5-13、图 5-14、图 5-15 所示。

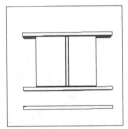  

图 5-13　绘制矩形 3　　　　图 5-14　绘制矩形 4　　　　图 5-15　矩形的侧面效果

⑩　单击【推/拉】按钮👆，将矩形面向外拉 25mm，如图 5-16 所示。

⑪　单击【矩形】按钮▨，在窗体上绘制矩形面，单击【推/拉】按钮👆，将矩形面向外拉，如图 5-17、图 5-18 所示。

图 5-16　将矩形面向外拉　　　图 5-17　绘制矩形　　　　图 5-18　将矩形面向外拉

⑫　在【材料】面板中，选择合适的玻璃材质进行填充，如图 5-19 所示，背面效果如图 5-20 所示。

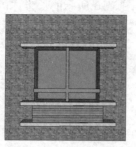

图 5-19　填充材质

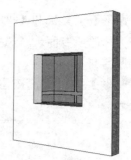

图 5-20　背面效果

5.1.2　案例——创建花形窗户

本案例主要利用绘制工具创建花形窗户，如图 5-21 所示为效果图。

 结果文件：\Ch05\建筑单体设计\花形窗户.skp

视频：\Ch05\花形窗户.wmv

图 5-21　花形窗户

① 利用【直线】按钮 ✐ 和【圆弧】按钮 ♡，绘制两条长度均为 200mm 的线段，与半径为 500mm 的圆弧相连接，如图 5-22 所示。绘制方法是：先在参考轴的一侧绘制一条直线，然后将其旋转复制到参考轴的另一侧，最后绘制连接弧。

② 依次画出其他相同的三边形状。方法是：利用【旋转】和【移动】工具，先旋转复制，再平移到相应位置，如图 5-23 所示。曲线完全封闭后会自动创建一个填充面。

③ 选中面，单击【偏移】按钮 ⏚，向里偏移复制 3 次，偏移距离均为 50mm，如图 5-24 所示。

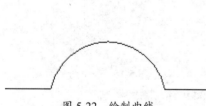

图 5-22　绘制曲线

图 5-23　完成封闭曲线的绘制

图 5-24　偏移面

④ 单击【圆】按钮 ●，绘制一个半径为 50mm 的圆，如图 5-25 所示。

⑤ 单击【偏移】按钮 ⏚，向外偏移复制 15mm，如图 5-26 所示。

⑥ 单击【直线】按钮 ✐，连接出如图 5-27 所示的形状。

图 5-25　绘制圆

图 5-26　偏移复制圆

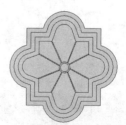

图 5-27　绘制连接直线

⑦　单击【推/拉】按钮 ，向外拉 60mm，结果如图 5-28 所示；接着向里推 60mm，结果如图 5-29 所示；最后再向里推 30mm，结果如图 5-30 所示。

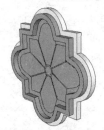

图 5-28　向外拉 60mm　　　　图 5-29　向里推 60mm　　　　图 5-30　再向里推 30mm

⑧　单击【推/拉】按钮 ，将圆和连接的面分别向外拉 20mm，如图 5-31 所示。填充合适的材质，效果如图 5-32 所示。

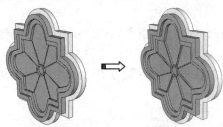

图 5-31　推拉内部的形状　　　　　　　　　　　图 5-32　最终效果

5.1.3　案例——创建小房子

本案例主要利用绘图工具创建一个小房子模型，如图 5-33 所示为效果图。

图 5-33　效果图

结果文件：\Ch05\建筑单体设计\小房子.skp

视频：\Ch05\小房子.wmv

①　单击【矩形】按钮 ，绘制一个长为 5000mm、宽为 6000mm 的矩形，如图 5-34 所示。
②　单击【推/拉】按钮 ，将矩形向上推 3000mm，如图 5-35 所示。

图 5-34　绘制矩形　　　　　　　　　　　图 5-35　推出长方体

③　单击【直线】按钮 ，在顶面绘制一条中心线，如图 5-36 所示。
④　单击【移动】按钮 ，向蓝色轴方向垂直移动，移动距离为 2500mm，得到的结果如图 5-37 所示。

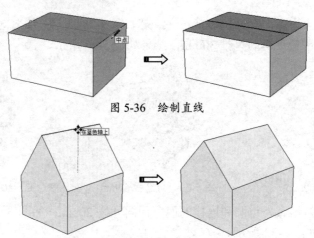

图 5-36　绘制直线

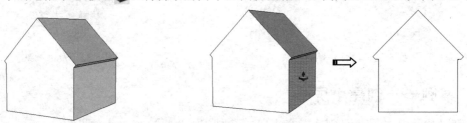

图 5-37　移动直线生成人字屋顶

⑤ 单击【推/拉】按钮 ，选中房顶的两个面往外拉，距离为 200mm，拉出一定的厚度，如图 5-38 所示。

⑥ 单击【推/拉】按钮 ，将房子的两个立面往里推，距离为 200mm，如图 5-39 所示。

图 5-38　拉出屋顶厚度　　　　　　　　　　　　图 5-39　推出墙面

⑦ 按住 Ctrl 键选择房顶的两条边，单击【偏移】按钮 ，向里偏移复制 200mm，如图 5-40 所示。

图 5-40　偏移复制屋顶边

⑧ 单击【推/拉】按钮 ，将偏移复制的面向外拉，距离为 400mm，如图 5-41 所示。

⑨ 利用同样的方法将另一面进行偏移复制和推拉，如图 5-42 所示。

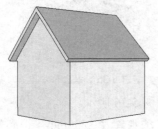

图 5-41　拉出屋顶侧面厚度　　　　　　　　　　图 5-42　拉出另一端屋顶侧面厚度

⑩ 选中房子底部的一条直线，单击鼠标右键，在快捷菜单中选择【拆分】命令，将直线拆
    分为 3 段，如图 5-43 所示。

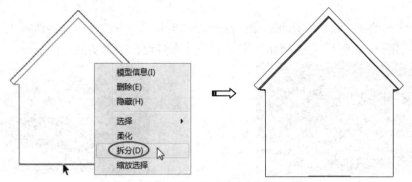

图 5-43 拆分底部边

⑪ 单击【直线】按钮 ✐，绘制高为 2500mm 的门，如图 5-44 所示。

⑫ 单击【推/拉】按钮 ♦，将门向里推 200mm，然后删除面，即可看到房子内部空间了，
    如图 5-45 所示。

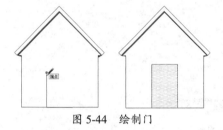

图 5-44 绘制门

图 5-45 推出门洞

⑬ 单击【圆】按钮 ⬤，分别在房体两个平面上画圆，半径均为 600mm，如图 5-46 所示。

⑭ 单击【偏移】按钮 ⤵，向外偏移复制 50mm，如图 5-47 所示。

⑮ 单击【推/拉】按钮 ♦，向外拉 50mm，形成窗框，如图 5-48 所示。

图 5-46 绘制圆

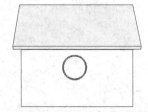

图 5-47 偏移复制圆

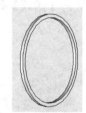

图 5-48 拉出窗框

⑯ 切换到俯视图。单击【矩形】按钮 ▮，绘制一个大的地面，如图 5-49 所示。

⑰ 填充合适的材质，并添加一个门组件，如图 5-50 所示。

⑱ 添加人物、植物组件，如图 5-51 所示。

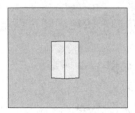

图 5-49 绘制地面

图 5-50 填充材质

图 5-51 添加组件

5.2　园林水景设计

本节以实例的方式讲解利用 SketchUp 设计园林水景的方法，包括创建喷水池、花瓣喷泉、石头，如图 5-52 和图 5-53 所示为常见的园林水景设计的真实效果图。

图 5-52　园林水景一

图 5-53　园林水景二

5.2.1　案例——创建花瓣喷泉

本例主要利用绘图工具创建一个花瓣喷泉，如图 5-54 所示为效果图。

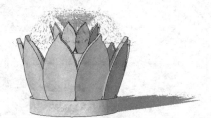

图 5-54　花瓣喷泉

结果文件：\Ch05\园林水景设计\花瓣喷泉.skp

视频：\Ch05\花瓣喷泉.wmv

① 分别单击【圆弧】按钮 ◇ 和【直线】按钮 ✎，绘制圆弧和直线，绘制出花瓣形状，如图 5-55 所示。

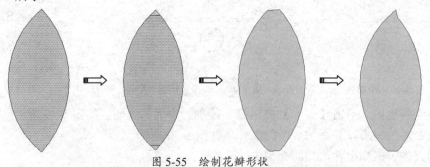

图 5-55　绘制花瓣形状

② 单击【圆】按钮 ●，绘制一个圆，如图 5-56 所示。然后将花瓣形状移到圆形面上，如图 5-57 所示。

③ 为花瓣形状创建群组，单击【旋转】按钮 ↻，旋转一定角度，如图 5-58 所示。

④ 单击【推/拉】按钮 ♦，推拉出花瓣形状，如图 5-59 所示。

⑤ 单击【旋转】按钮 ↻，按住 Ctrl 键不放，沿圆点旋转复制，如图 5-60 所示。

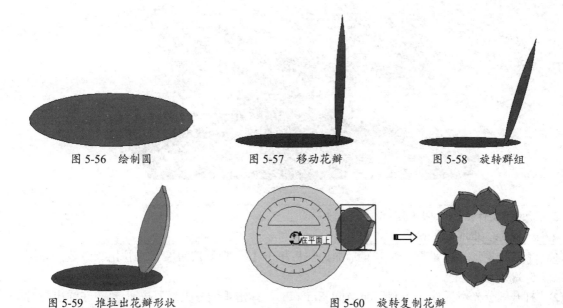

图 5-56 绘制圆   图 5-57 移动花瓣   图 5-58 旋转群组

图 5-59 推拉出花瓣形状   图 5-60 旋转复制花瓣

⑥ 单击【推/拉】按钮🔺，推拉圆形面，如图 5-61 所示。再单击【偏移】按钮，偏移复制圆形面，如图 5-62 所示。

⑦ 单击【推/拉】按钮🔺，推拉出圆柱体，如图 5-63 所示。

图 5-61 推拉圆形面   图 5-62 偏移复制圆形面   图 5-63 推拉出圆柱体

⑧ 单击【偏移】按钮和【推/拉】按钮🔺，在圆柱体上表面向下推出一个洞口，如图 5-64 所示。

⑨ 缩放并复制花瓣，单击【移动】按钮✥，调整花瓣在圆柱上表面的位置，如图 5-65 所示。

⑩ 填充材质，再导入水组件，如图 5-66 所示。

图 5-64 创建洞口   图 5-65 复制出花瓣   图 5-66 导入水组件

5.2.2 案例——创建石头

本例主要应用绘图工具和插件工具创建石头模型，如图 5-67 所示为效果图。

图 5-67　石头效果图

 结果文件：\Ch05\园林水景设计\石头.skp

视频：\Ch05\石头.wmv

① 单击【矩形】按钮■，绘制矩形面，然后单击【推/拉】按钮▲，推拉出长方体，如图 5-68 所示。

② 打开细分光滑插件（Subdivide And Smooth），单击【细分光滑】按钮■，在弹出的对话框中设置细分参数，如图 5-69 所示，细分模型，如图 5-70 所示。

图 5-68　创建长方体　　　图 5-69　设置细分参数　　　图 5-70　细分结果

技巧提示：

　　Subdivide And Smooth 插件在本例源文件夹 SubdivideAndSmooth v.1.0 中。此插件的安装方法是：复制 SubdivideAndSmooth v.1.0 文件夹中的 Subsmooth 文件夹和 subsmooth_loader.rb 文件，将其粘贴到 C:\Users\ Administrator\AppData\Roaming\SketchUp\SketchUp 2018\SketchUp\Plugins 文件夹中，然后重启 SketchUp。另外，关于插件的应用，向大家推荐一款免费的插件库软件"坯子插件库"，到其官网地址中下载（http://www. piziku.com/pi-zi-cha-jian）。安装坯子插件库以后，可以到其官网下载免费的"10014 建筑插件 V2.21"版，此插件可以帮助用户完成建筑模型的创建，比如楼梯、阳台及坡度屋顶等。

③ 选择【视图】|【隐藏物体】命令，以虚线显示物体，如图 5-71 所示。

④ 单击【移动】按钮✥，移动节点，做出石头形状，如图 5-72 所示。

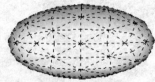

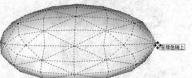

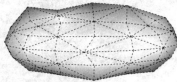

图 5-71　隐藏物体　　　　　　　　图 5-72　移动节点进行变形

⑤ 取消隐藏物体，在【材料】面板中填充材质，如图 5-73 所示。

⑥ 单击【缩放】按钮■和【移动】按钮✥，进行自由缩放并复制石头，添加一些植物组件，最终完成效果如图 5-74 所示。

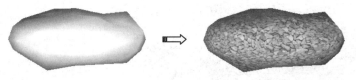

图 5-73　填充材质

图 5-74　最终石头效果

5.2.3　案例——创建汀步

本例主要应用绘图工具和插件工具创建水池和草丛中的汀步模型，如图 5-75 所示为效果图。

图 5-75　汀步效果图

　结果文件：\Ch05\园林水景设计\汀步.skp
　　　　　视频：\Ch05\汀步.wmv

① 单击【矩形】按钮 ，绘制一个长、宽分别为 5000mm、4000mm 的矩形面，如图 5-76 所示。

② 单击【圆】按钮 ，绘制一个圆形面，如图 5-77 所示。

③ 单击【圆弧】按钮 ，绘制一段圆弧与圆相接，然后利用【旋转】工具进行旋转复制，旋转角度为 45°，旋转复制 7 次，结果如图 5-78 所示。

图 5-76　绘制矩形面

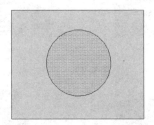

图 5-77　绘制圆形面

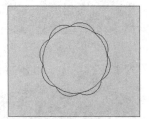

图 5-78　绘制并旋转复制圆弧

④ 单击【擦除】按钮 ，将多余的线条擦掉，形成花形水池面，如图 5-79 所示。

⑤ 单击【偏移】按钮 ，向内偏移一定距离，如图 5-80 所示，单击【推/拉】按钮 ，分别向上推 100mm 和向下拉 200mm，如图 5-81 所示。

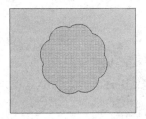

图 5-79　擦除多余线条

图 5-80　偏移曲线

图 5-81　推拉出形状

⑥ 在【材料】面板中为水池底面填充石子材质，如图 5-82 所示。

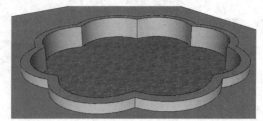

图 5-82　填充材质

⑦ 单击【移动】按钮✛，按住 Ctrl 键将石子面向上复制，并填充水纹材质，如图 5-83 所示。

⑧ 单击【手绘线】按钮∿，在水池面和地面绘制曲线，如图 5-84 所示。

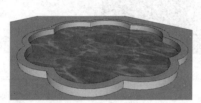

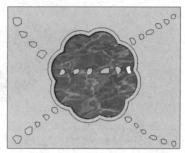

图 5-83　复制出水体　　　　　　　　图 5-84　绘制多条曲线

⑨ 单击【推/拉】按钮◆，将水池中曲线形成的面分别向上和向下推拉出水体中的汀步，如图 5-85 所示。

⑩ 继续单击【推/拉】按钮◆，推拉出地面上的汀步，如图 5-86 所示。

图 5-85　推拉出水体中的汀步　　　　　图 5-86　推拉出地面上的汀步

⑪ 为水池、地面、汀步填充材质，如图 5-87、图 5-88 所示。

图 5-87　填充水池材质　　　　　　　图 5-88　填充地面及汀步材质

⑫ 在汀步的周围添加植物、花草、人物组件，如图 5-89 所示。

图 5-89　添加组件

5.3　园林植物造景设计

本节以实例的方式讲解利用 SketchUp 设计园林植物造景的方法，包括创建二维仿真树木组件、冰棒树、树凳、绿篱、马路绿化带等，如图 5-90 所示为常见的园林植物造景设计的真实效果图。

图 5-90　园林植物造景

5.3.1　案例——创建二维仿真树木组件

本案例主要利用一张植物图片制作二维植物组件，如图 5-91 所示为效果图。

图 5-91　植物组件效果图

源文件：\Ch05\植物图片.jpg
结果文件：\Ch05\园林植物造景设计\二维仿真树木组件.skp
视频：\Ch05\二维仿真树木组件.wmv

① 启动 Photoshop 软件，打开植物图片，如图 5-92 所示。

② 双击图层进行解锁，如图 5-93 所示。选择【魔术棒】工具，将白色背景删除，如图 5-94 所示。

图 5-92　打开植物图片　　　　图 5-93　解锁图层　　　　图 5-94　删除白色背景

③ 选择【文件】|【存储】命令，在【格式】下拉列表中选择 PNG 格式，如图 5-95 所示。

图 5-95　保存植物图像文件

④ 在 SketchUp 中选择【文件】|【导入】命令，在【文件类型】下拉列表中选择 PNG 格式，如图 5-96 所示。

提示:

PNG 格式可以存储透明背景图片，而 JPG 格式不能存储透明背景图片。当将图片导入到 SketchUp 中时，PNG 格式非常方便。

⑤ 在导入到 SketchUp 中的图片上单击鼠标右键，从弹出的快捷菜单中选择【分解】命令，将图片炸开，如图 5-97 所示。

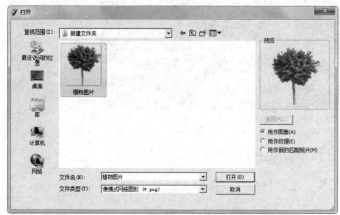

图 5-96　导入植物图像文件　　　　　　　　　　　　图 5-97　分解图片

⑥ 选中线条，单击鼠标右键，从弹出的快捷菜单中选择【隐藏】命令，将线条全部隐藏，如图 5-98 所示。

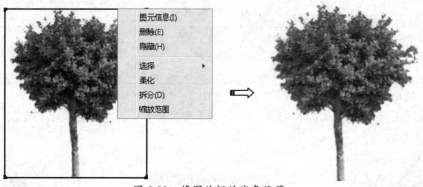

图 5-98　将图片框的线条隐藏

⑦ 选中图片，以长方形面显示，如图 5-99 所示。单击【手绘线】按钮，绘制出植物的大致轮廓，如图 5-100 所示。

⑧ 将多余的面删除，如图 5-101 所示，再次将线条隐藏，如图 5-102 所示。

图 5-99　显示背景面　　图 5-100　手绘植物的轮廓　　图 5-101　删除背景面　　图 5-102　隐藏手绘线

提示:

　　绘制植物轮廓主要是为了显示阴影时呈树状显示,如果不绘制轮廓,则只会以长方形阴影显示。边线只能隐藏不能删除,否则会将整个图片删掉。

⑨　选中图片,单击鼠标右键,从快捷菜单中选择【创建组件】命令,如图 5-103 所示。

图 5-103　创建组件

⑩　复制多个植物组件,并开启阴影效果,效果如图 5-104 所示。

图 5-104　复制植物并开启阴影效果

5.3.2　案例——创建树池坐凳

　　树池是种植树木的植槽,树池处理得当,不仅有助于树木生长、美化环境,还能满足行人的需求,夏天可以在树荫下乘凉,冬天坐在木质的树池凳上也不会让人感觉冷。如图 5-105 所示为本例效果图。

图 5-105　树池坐凳

 结果文件:\Ch05\园林植物造景设计\树池坐凳.skp
　　　　　视频:\Ch05\树池坐凳.wmv

①　单击【矩形】按钮▨,绘制一个边长为 5000mm 的正方形,如图 5-106 所示。

②　单击【推/拉】按钮♦,将正方形向上推 1000mm,如图 5-107 所示。

③　继续单击【矩形】按钮▨,在 4 个面绘制几个相同的矩形,如图 5-108 所示。

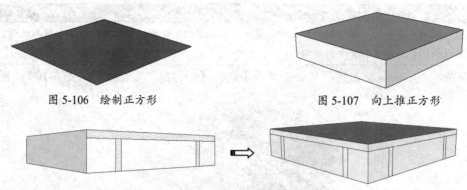

图 5-106　绘制正方形　　　　　　　　　　图 5-107　向上推正方形

图 5-108　在侧面绘制多个矩形

提示:

在绘制矩形时，为了精确绘制，可以采用辅助线进行测量再绘制。

④ 单击【推/拉】按钮，将中间的矩形分别向里推 600mm，并依次推拉其他面，如图 5-109 所示。

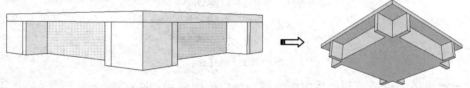

图 5-109　推拉矩形面

⑤ 单击【偏移】按钮，将顶面向里偏移复制 1000mm，如图 5-110 所示。再单击【推/拉】按钮，将顶面向上推 600mm，如图 5-111 所示。

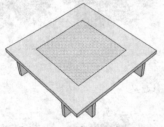　　　　　　　　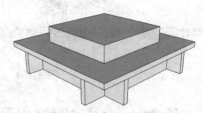

图 5-110　顶部偏移复制面　　　　　　　　图 5-111　推拉偏移面

⑥ 继续单击【偏移】按钮，将现在的顶面分别向里偏移复制 150mm、300mm，如图 5-112 所示。再单击【推/拉】按钮，分别将顶面向下拉 250mm、400mm，如图 5-113 所示。

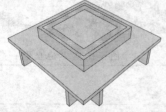　　　　　　　　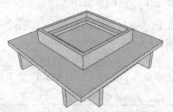

图 5-112　继续偏移复制面　　　　　　　　图 5-113　推拉偏移面

⑦ 在【材料】面板中，给树池凳填充相应的材质，如图 5-114 所示，并为其导入一个植物组件，如图 5-115 所示。

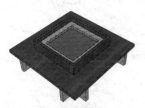

图 5-114　填充材质

图 5-115　导入植物组件

5.3.3　案例——创建花架

本例主要利用绘图工具创建一个花架，如图 5-116 所示为效果图。

　结果文件：\Ch05\园林植物造景设计\花架.skp

　　视频：\Ch05\花架.wmv

1. 设计花墩

① 单击【矩形】按钮，画出一个边长为 2000mm 的正方形，如图 5-117 所示。

② 单击【推/拉】按钮，将正方形向上推 3000mm，如图 5-118 所示。

图 5-116　花架

图 5-117　绘制正形

图 5-118　推拉正方形

③ 单击【偏移】按钮，向外偏移复制 400mm，如图 5-119 所示，然后单击【推/拉】按钮，向上推 500mm，如图 5-120 所示。

④ 单击【擦除】按钮，擦除多余的线条，即可变成一个封闭面，如图 5-121 所示。

图 5-119　偏移复制面

图 5-120　推拉偏移面

图 5-121　擦除内部曲线

⑤ 单击【偏移】按钮，向里偏移复制 400mm，如图 5-122 所示，然后单击【推/拉】按钮，向上推 500mm，如图 5-123 所示。

⑥ 再重复上一步操作，这次推拉的距离为 300mm，如图 5-124 所示。

图 5-122　偏移复制面

图 5-123　推拉偏移面

图 5-124　重复偏移及推拉

⑦ 单击【圆弧】按钮◎，画一个与矩形相切的倒角形状，如图 5-125 所示。

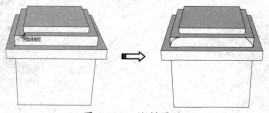

图 5-125　绘制圆弧

⑧ 选择圆弧面，单击【跟随路径】按钮◎，按住 Alt 键不放，对着倒角向矩形面进行变形，即可变成一个倒角形状，如图 5-126 所示。

⑨ 单击【圆弧】按钮◎，在矩形面上绘制一个长为 600mm、向外凸出为 300mm 的 4 个圆弧组成的花瓣形状，如图 5-127 所示。

图 5-126　创建跟随路径　　　　　　图 5-127　绘制花瓣形状

⑩ 单击【偏移】按钮◎，向外偏移复制 100mm，如图 5-128 所示，然后单击【推/拉】按钮◆，将面向外推拉 100mm，如图 5-129 所示。

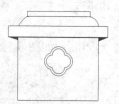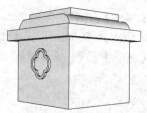

图 5-128　偏移复制花瓣形状　　　　　　图 5-129　推拉花瓣

2. 设计花柱

① 单击【矩形】按钮■，在顶部正方形面上先绘制 4 个正方形，再分别在 4 个正方形里绘制小正方形，如图 5-130 和图 5-131 所示。

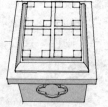

图 5-130　绘制 4 个正方形　　　　　　图 5-131　绘制小正方形

② 单击【推/拉】按钮◆，将 4 个面向上推 12000mm，如图 5-132 所示。

③ 单击【矩形】按钮■，在花柱上绘制一个正方形面，如图 5-133 所示。

④ 单击【推/拉】按钮◆，向上推 300mm，如图 5-134 所示。

图 5-132 推拉形状

图 5-133 在顶部绘制正方形

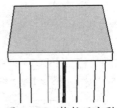

图 5-134 推拉正方形

⑤ 单击【偏移】按钮，向外偏移复制 500mm，再单击【推/拉】按钮，向上推 300mm，如图 5-135 和图 5-136 所示。

⑥ 选中花柱模型，选择【编辑】|【创建群组】命令，创建一个群组，如图 5-137 所示。

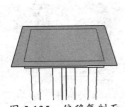

图 5-135 偏移复制面

图 5-136 推拉偏移面

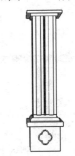

图 5-137 创建群组

3. 设计花托

① 单击【直线】按钮，绘制两条长度都为 5000mm 的直线，如图 5-138 所示，单击【圆弧】按钮，连接两条直线，如图 5-139 所示。

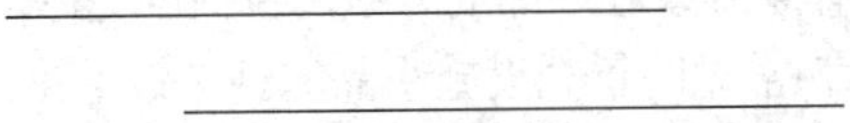

图 5-138 绘制直线

图 5-139 绘制圆弧

② 单击【推/拉】按钮，将面拉出一定的高度，如图 5-140 所示，将推拉后的模型移到花柱上，图 5-141 所示。

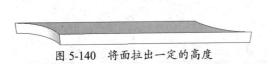

图 5-140 将面拉出一定的高度

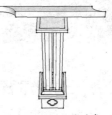

图 5-141 平移对象

③ 选中模型，单击【缩放】按钮，对它进行缩放，如图 5-142 所示。

④ 单击【移动】按钮，复制两个模型，放在合适的位置，如图 5-143 所示。

⑤ 将整个模型选中，创建群组，花托效果如图 5-144 所示。

⑥ 单击【移动】按钮，沿水平方向复制两个模型，摆放到相应的位置，如图 5-145 所示。

⑦ 选择一种合适的材质进行填充，如图 5-146 所示。

⑧ 导入一些花篮和椅子组件，最终效果如图 5-147 所示。

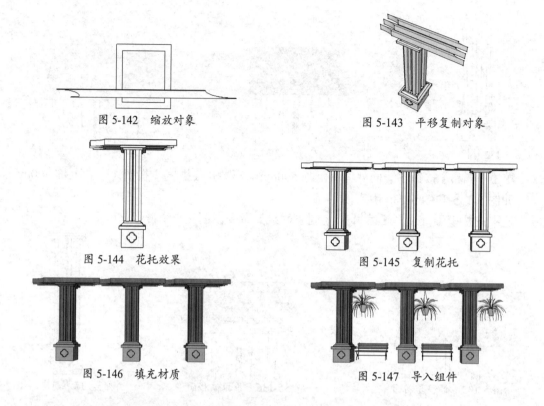

图 5-142　缩放对象　　　　　　图 5-143　平移复制对象

图 5-144　花托效果　　　　　　图 5-145　复制花托

图 5-146　填充材质　　　　　　图 5-147　导入组件

5.4　园林景观设施小品设计

　　本节以实例讲解的方式介绍利用 SketchUp 设计园林景观设施小品的方法，包括创建休闲凳、石桌、栅栏、秋千、棚架、垃圾桶等，如图 5-148 所示为常见的景观设施小品的真实效果图。

图 5-148　景观设施小品

5.4.1　案例——创建石桌

　　本例主要利用绘图工具制作一个公园里的石桌模型，如图 5-149 所示为效果图。

　　结果文件：\Ch05\园林景观设施小品设计\石桌.skp
　　视频：\Ch05\石桌.wmv

① 单击【圆】按钮⬤，绘制一个半径为 500mm 的圆形面，如图 5-150 所示。
② 单击【推/拉】按钮🠕，将圆形面向上推 300mm，如图 5-151 所示。
③ 单击【偏移】按钮🖉，将圆形面向内偏移复制 250mm，如图 5-152 所示。
④ 单击【推/拉】按钮🠕，将圆形面向下拉 250mm，如图 5-153 所示。

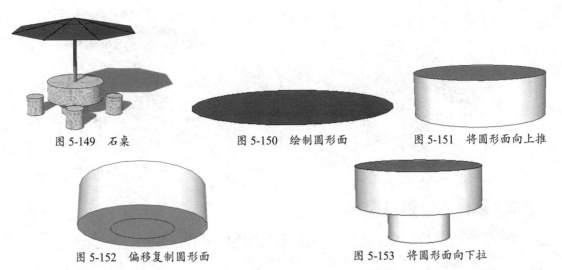

图 5-149　石桌　　　　　图 5-150　绘制圆形面　　　　　图 5-151　将圆形面向上推

图 5-152　偏移复制圆形面　　　　　图 5-153　将圆形面向下拉

⑤　单击【偏移】按钮⬭，将圆形面向内偏移，复制出一个小圆形面，单击【推/拉】按钮▲，
将圆形面向下拉 200mm，完成石桌的创建，如图 5-154 所示。

⑥　单击【圆】按钮⬤，绘制一个半径为 150mm 的圆形面，单击【推/拉】按钮▲，将圆形
面向上推 300mm，得到石凳，如图 5-155 所示。

⑦　分别选中石桌和石凳，单击鼠标右键，从弹出的快捷菜单中选择【创建组】命令，如图
5-156 所示。

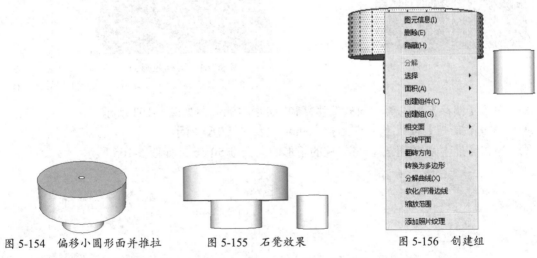

图 5-154　偏移小圆形面并推拉　　　　　图 5-155　石凳效果　　　　　图 5-156　创建组

⑧　单击【移动】按钮✥，按住 Ctrl 键不放，再复制 3 个石凳，如图 5-157 所示。

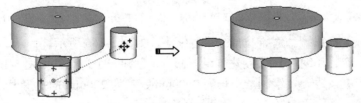

图 5-157　复制石凳

⑨　选择一种合适的材质进行填充，如图 5-158 所示。

⑩　导入一把遮阳伞组件，最终效果如图 5-159 所示。

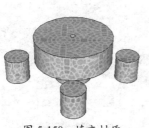

图 5-158　填充材质　　　　　　　图 5-159　导入遮阳伞组件

5.4.2　案例——创建栅栏

本例主要利用绘制工具制作一个栅栏，如图 5-160 所示为效果图。

　结果文件：\Ch05\园林景观设施小品设计\栅栏.skp
视频：\Ch05\栅栏.wmv

① 单击【矩形】按钮■，绘制一个长和宽都为 300mm 的矩形面，如图 5-161 所示。

② 单击【推/拉】按钮◆，向上推 1200mm，创建立柱，如图 5-162 所示。

图 5-160　栅栏　　　　　图 5-161　绘制矩形面　　　图 5-162 创建立柱

③ 单击【偏移】按钮◎，向外偏移复制矩形面 40mm，如图 5-163 所示。

④ 单击【推/拉】按钮◆，向下拉 200mm，如图 5-164 所示。

⑤ 单击【推/拉】按钮◆，将立柱的矩形面向上推 50mm，如图 5-165 所示。

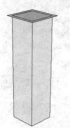

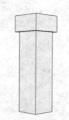

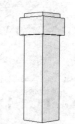

图 5-163　偏移复制面　　　　图 5-164　推拉偏移面　　　　图 5-165　推出立柱面

⑥ 单击【缩放】按钮■，对推拉部分进行缩小，如图 5-166 所示。

⑦ 选中模型，选择【编辑】|【创建群组】命令，创建一个群组，如图 5-167 所示。

⑧ 单击【矩形】按钮■，绘制一个长为 2000mm、宽为 200mm 的矩形面，然后单击【推/拉】按钮◆，向上推 150mm，如图 5-168 所示。

⑨ 利用之前讲过的绘制球体的方法，绘制一个球体并放于立柱上，如图 5-169 所示。

⑩ 单击【移动】按钮✛，复制另一个石柱，如图 5-170 所示。

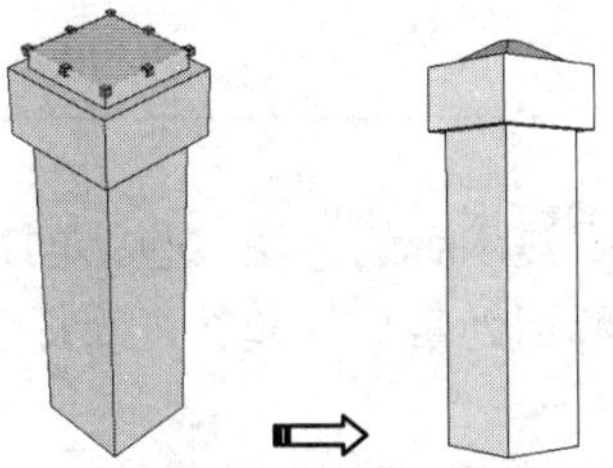

图 5-166 缩放立柱顶面

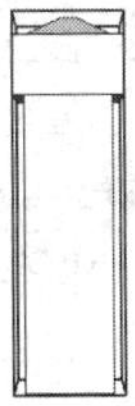

图 5-167 创建群组

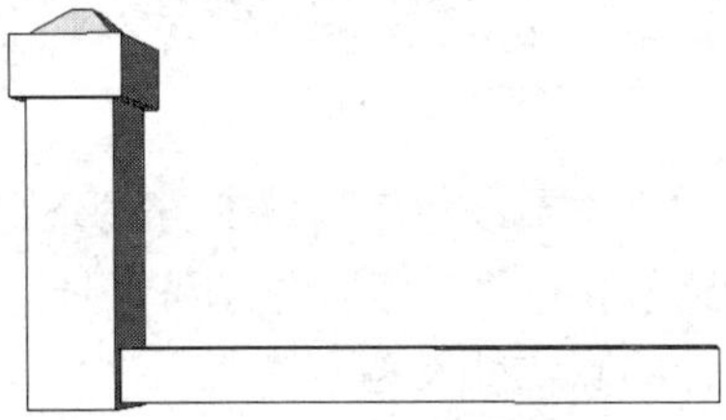

图 5-168 创建矩形块

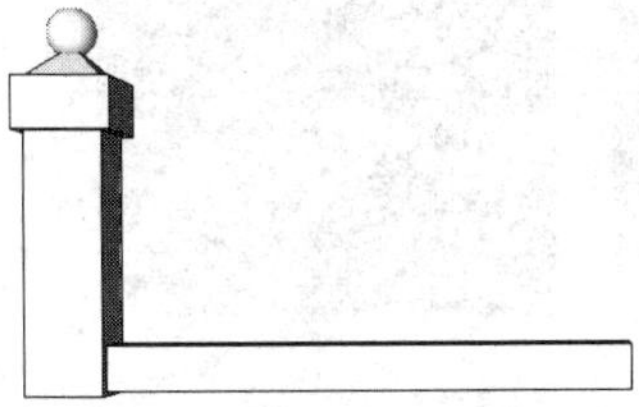

图 5-169 创建球体

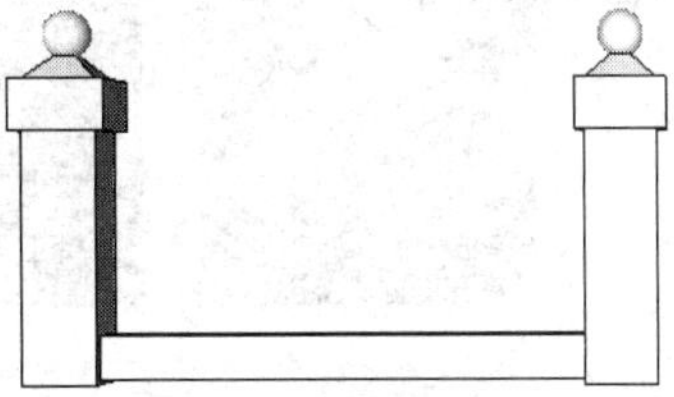

图 5-170 平移复制对象

⑪ 单击【矩形】按钮，绘制一个矩形面，单击【推/拉】按钮，向上推拉一定的距离，如图 5-171 所示。

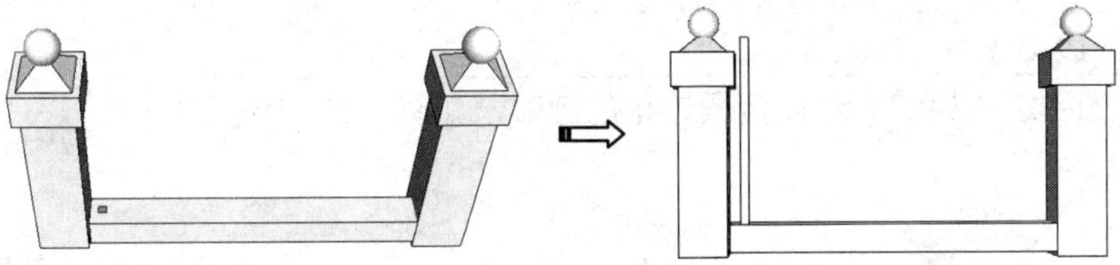

图 5-171 创建小立柱

⑫ 选择【编辑】|【创建群组】命令，创建一个群组，如图 5-172 所示。

⑬ 利用同样的方法绘制另一个矩形块，如图 5-173 所示。

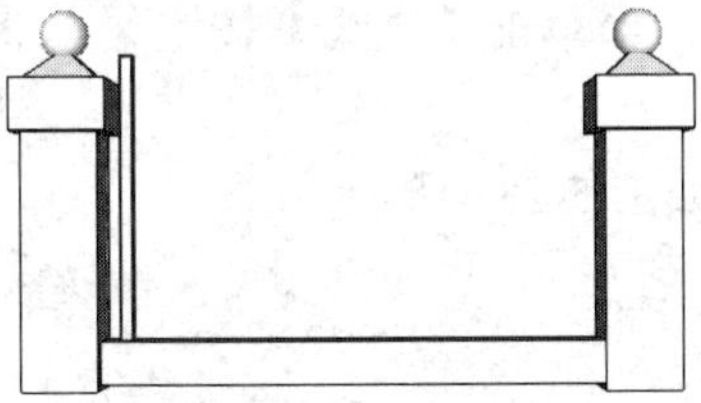

图 5-172 创建群组

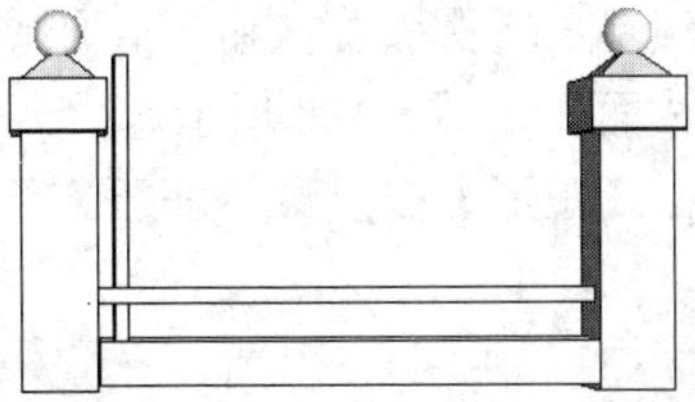

图 5-173 创建水平的矩形块

⑭ 单击【移动】按钮，按住 Ctrl 键不放，先复制水平放置的矩形块，如图 5-174 所示，然后将小立柱向右等距复制，如图 5-175 所示。

⑮ 填充合适的材质，最终效果如图 5-176 所示。

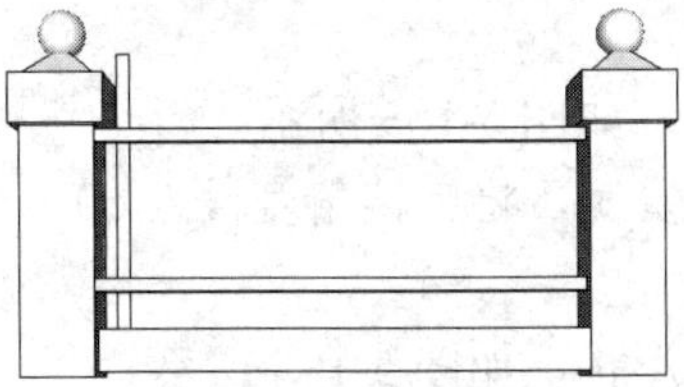

图 5-174 向上复制

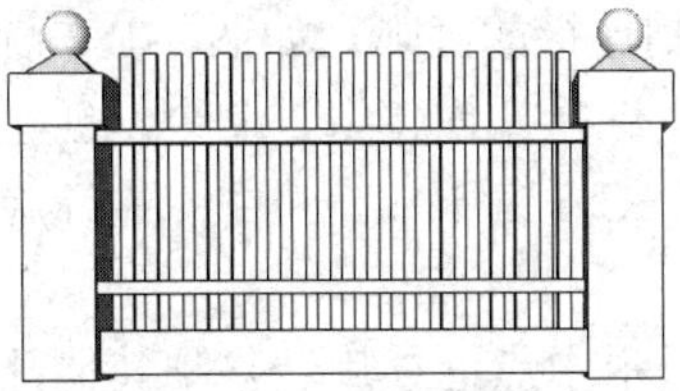

图 5-175 向右等距复制

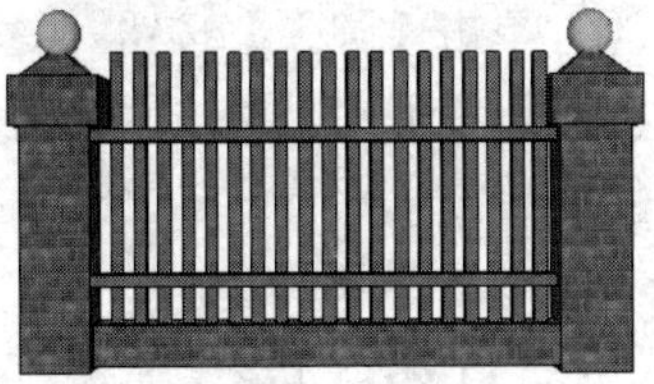

图 5-176 最终效果

5.5 园林景观提示牌设计

本节以实例讲解的方式介绍利用 SketchUp 设计园林景观提示牌的方法，包括创建景区路线指示牌、景点指示牌、景区温馨提示牌等，如图 5-177 所示为常见的园林景观提示牌设计的真实效果图。

图 5-177　景观提示牌

5.5.1　案例——创建温馨提示牌

本例主要应用绘制工具来创建温馨提示牌模型，如图 5-178 所示为效果图。

> 结果文件：\Ch05\园林景观提示牌设计\温馨提示牌.skp
> 视频：\Ch05\温馨提示牌.wmv

① 单击【圆弧】按钮 ，绘制两段连接的圆弧，如图 5-179 所示。

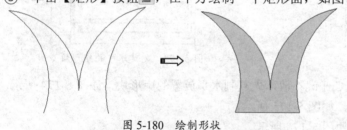

图 5-178　温馨提示牌　　　　　　　　　　　　　　图 5-179　绘制圆弧

② 继续单击【圆弧】按钮 ，绘制两段连接的圆弧，再单击【直线】按钮 ，将它们连接成面，如图 5-180 所示。

③ 单击【矩形】按钮 ，在下方绘制一个矩形面，如图 5-181 所示。

 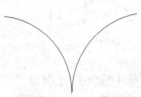

图 5-180　绘制形状　　　　　　　　　　　　　　图 5-181　绘制矩形面

④ 单击【圆弧】按钮 ，绘制连接的圆弧，如图 5-182 所示。

⑤ 选中形状，单击鼠标右键，选择【创建组】命令，创建组，如图 5-183 所示。

⑥ 单击【旋转】按钮 ，按住 Ctrl 键不放，沿中点进行旋转复制，将旋转角度设为 60°，如图 5-184 所示。

⑦ 选中第二个要复制的对象，沿中点继续旋转复制其他几个形状，如图 5-185 所示。

⑧ 选中形状，单击鼠标右键，选择【分解】命令，将形状分解，如图 5-186 所示。

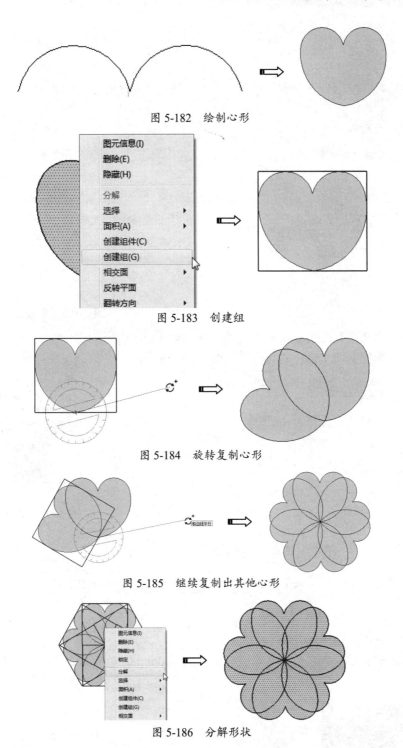

图 5-182　绘制心形

图 5-183　创建组

图 5-184　旋转复制心形

图 5-185　继续复制出其他心形

图 5-186　分解形状

⑨　单击【擦除】按钮 ，将多余的线条擦掉，形成一朵花的形状，如图 5-187 所示。

⑩　单击【圆】按钮 ，绘制两个圆形面。单击【圆弧】按钮 ，绘制两段连接的圆弧，如图 5-188 所示。

⑪　将两个形状分别创建成组，并进行组合，如图 5-189 所示。

⑫　单击【推/拉】按钮 ，对形状进行推拉，如图 5-190 所示。

图 5-187　擦除多余线条

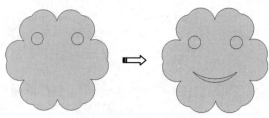

图 5-188　绘制内部形状

图 5-189　创建成组

图 5-190　推拉组

⑬　单击【三维文本】按钮，添加三维文本，如图 5-191 所示。

⑭　为创建好的模型填充合适的材质，如图 5-192 所示。

图 5-191　创建三维文本

图 5-192　最终效果

5.5.2　案例——创建景点介绍牌

本例主要应用绘制工具来创建景区景点介绍牌模型，如图 5-193 所示为效果图。

源文件：\Ch05\文字图片.jpg

结果文件：\Ch05\园林景观提示牌设计\景点介绍牌.skp

视频：\Ch05\景点介绍牌.wmv

①　单击【矩形】按钮，绘制 3 个长、宽都为 300mm 的矩形面，如图 5-194 所示。

图 5-193　景点介绍牌

图 5-194　绘制 3 个小矩形面

② 单击【推/拉】按钮🏷️，将 3 个矩形面分别向上推 3500mm，如图 5-195 所示。

③ 单击【偏移】按钮🏷️，将第 3 个矩形面向里偏移复制 30mm。单击【推/拉】按钮🏷️，向上推 30mm，如图 5-196 和图 5-197 所示。

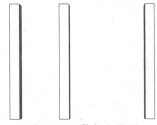

图 5-195 推拉小矩形

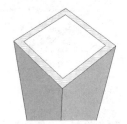

图 5-196 创建偏移面

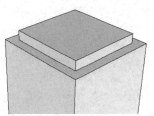

图 5-197 推拉偏移面

④ 单击【偏移】按钮🏷️，向外偏移复制 50mm。单击【推/拉】按钮🏷️，将两个面向上推 200mm，如图 5-198 和图 5-199 所示。

⑤ 单击【擦除】按钮🏷️，将多余的线条擦掉，如图 5-200 所示。

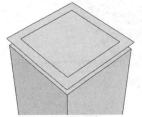

图 5-198 再创建偏移面

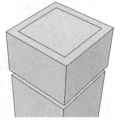

图 5-199 推拉面

图 5-200 擦除多余线条

⑥ 将 3 个立柱分别创建成组，如图 5-201 所示。

⑦ 单击【矩形】按钮🔲，绘制 3 个矩形面。单击【推/拉】按钮🏷️，向右推拉一定的距离，如图 5-202 和图 5-203 所示。

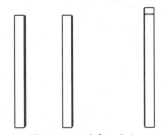

图 5-201 创建 3 个组

图 5-202 绘制矩形面

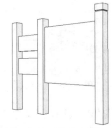

图 5-203 推拉矩形面

⑧ 单击【矩形】按钮🔲，继续绘制矩形面。单击【推/拉】按钮🏷️，推拉出立体效果，如图 5-204 和图 5-205 所示。

图 5-204 绘制矩形面

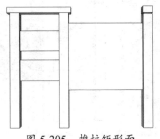

图 5-205 推拉矩形面

⑨ 单击【多边形】按钮 ⊙，绘制三角形。单击【推/拉】按钮 ◆，将三角形进行推拉，如图 5-206 所示。

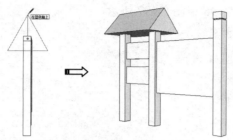

图 5-206　绘制多边形并进行推拉

⑩ 单击【直线】按钮 ✏，在顶面绘制直线。单击【推/拉】按钮 ◆，将分割的面分别向上推 20mm，如图 5-207 和图 5-208 所示。

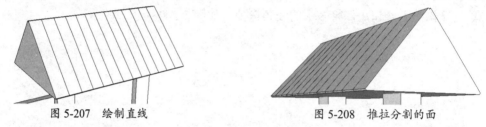

图 5-207　绘制直线　　　　　　　　　　　　图 5-208　推拉分割的面

⑪ 单击【移动】按钮 ✥，在上方复制另一个形状，然后进行缩放操作，结果如图 5-209 所示。

⑫ 单击【三维文本】按钮 A，添加三维文本，如图 5-210 所示。

图 5-209　缩放复制　　　　　　　　　　　　图 5-210　创建三维文本

⑬ 为另一边添加文字图片的材质贴图，如图 5-211 所示。完善其他地方的材质，最终效果如图 5-212 所示。

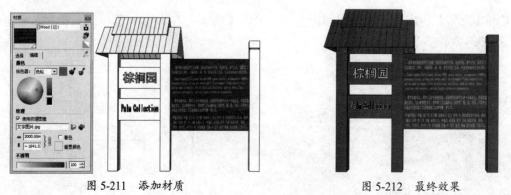

图 5-211　添加材质　　　　　　　　　　　　图 5-212　最终效果

CHAPTER

地形场景设计

本章导读

本章介绍如何使用 SketchUp 中的沙箱工具，利用沙箱工具可以创建出不同的地形场景。

学习要点

- ☑ 地形在景观中的应用
- ☑ 沙箱工具
- ☑ 地形创建综合案例

扫码看视频

6.1 地形在景观中的应用

从地理角度来看，地形是指地貌和地物的统称。地貌是地表高低起伏的自然形态，地物是地表自然形成和人工建造的固定性物体。不同地貌和地物的错综结合，会形成不同的地形，如平原、丘陵、山地、高原、盆地等。如图 6-1、图 6-2 所示为常见的丘陵地形。

图 6-1　丘陵地形一　　　　　　　　　　　　　　　　图 6-2　丘陵地形二

6.1.1 景观结构的作用

在景观设计的各个要素中，地形可以说是最为重要的一个。地形是景观设计各个要素的载体，为其余各个要素如水体、植物、构筑物等的存在提供一个依附的平台。地形就像动物的骨架一样，没有地形就没有其他各种景观元素的立身之地，没有理想的景观地形，其他景观设计要素就不能很好地发挥作用。从某种意义上讲，景观设计中的微地形决定着景观方案的结构关系，也就是说，在地形的作用下，景观中的轴线、功能分区、交通路线才能有效地结合。

6.1.2 美学造景

地形在景观设计中的应用发挥了极大的美学作用。微地形可以更为容易地模仿出自然的空间，如林间的斜坡，点缀着棵棵松柏、杉木以及遍布雪松的深谷等。中国的绝大多数古典园林都是根据地形来进行设计的，例如，苏州园林的"名作"狮子林和网师园、北京的寄畅园、扬州的瘦西湖等。它们都充分地利用了微小地形的起伏变换，或山或水，对空间精心巧妙的构建和对建筑的布局，从而营造出让人难以忘怀的自然意境，给游人以美的享受。

地形在景观设计中还可以起到造景的作用。微地形既可以作为景物的背景，以衬托出主景，同时也起到增加景观深度、丰富景观层次的作用，使景点有主有次。由于微地形本身所具备的特征——波澜起伏的坡地、开阔平坦的草地、水面和层峦叠嶂的山地等，可以说其自身就是景观，而且地形的起伏为绿化植被的立面发展创造了良好的条件，避免了植物种植的单一和单薄，使乔木、灌木、地被各类植物各有发展空间，相得益彰。如图 6-3、图 6-4 所示为景观地形设计效果。

图 6-3　景观地形设计效果一

图 6-4　景观地形设计效果二

6.1.3　工程辅助作用

众所周知，城市是非农业人口聚集的居民点。城市空间给人一种建筑感和人工色彩非常厚重的压抑感。景观行业的兴起在很大程度上受到人们对这种压抑的反抗。如明代计成所言："凡结林园，无分村郭，地偏为胜。"可见今天的城市限制了景观园林存在的方式。地形在改变这一状况上发挥了很大的作用，地形可以通过控制景观视线来构成不同的空间类型。比如，坡地、山体和水体可以构成半封闭或封闭的景观公园。

地形的采用有利于景区内的排水，防止地面积涝。例如，在我国南方地区，雨量比较充沛，微地形的起伏有助于雨水的排放。利用微地形还可以增加城市绿地量。研究表明，在一块面积为 5 平方米的平面绿地上可种植 2～3 棵树木，而设计成起伏的微地形后，树木的种植量可增加 1～2 棵，绿地量增加了 30%。

6.2　沙箱工具

SketchUp 的沙箱工具，又称地形工具，使用沙箱工具可以生成和操纵表面，包括【根据等高线创建】、【根据网络创建】、【曲面起伏】、【曲面平整】、【曲面投射】、【添加细部】、【对调角线】7 种工具。如图 6-5 所示为【沙箱】工具栏。

图 6-5　【沙箱】工具栏

在初次使用 SketchUp 时，【沙箱】工具栏是不会显示在工具栏区域的，需要将其调出来。在工具栏空白位置单击鼠标右键，并在弹出的快捷菜单中选择【沙箱】命令，即可调出【沙箱】工具栏，如图 6-6 所示。或者在菜单栏中选择【视图】|【工具栏】命令，在弹出的【工具栏】对话框中将【沙箱】复选框选中即可，如图 6-7 所示。

6.2.1　等高线创建工具

使用等高线创建工具可以封闭相邻等高线形成三角面。等高线可以是直线、圆、圆弧、曲线，使这些闭合或者不闭合的线形成一个面，从而产生坡地。

① 单击【圆】按钮⬤，绘制几个封闭的曲面，如图 6-8 所示。

② 因为需要的是线而不是面，所以需要删除面，如图 6-9 所示。

③ 单击【选择】按钮▸，选中每条线，单击【移动】按钮✛，移动每条线与蓝轴对齐，如图 6-10 所示。

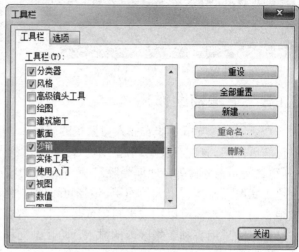

图 6-6　从右键快捷菜单中调出工具栏　　　　图 6-7　从菜单栏中调出工具栏

图 6-8　绘制几个封闭的曲面　　　　　　　　图 6-9　删除面保留线

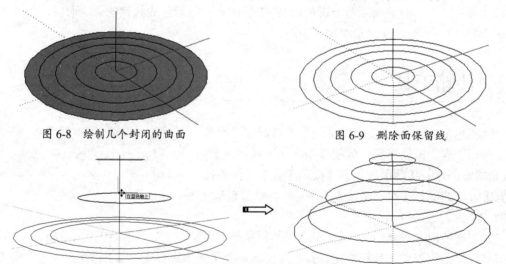

图 6-10　移动线到合适的位置

④ 单击【选择】按钮 ▶，选中等高线，最后单击【根据等高线创建】按钮 ◈，即可创建一个像小山丘的等高线坡地，如图 6-11 所示。

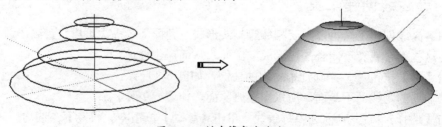

图 6-11　创建等高线坡地

6.2.2   网格创建工具

网格创建工具主要用于绘制平面网格，只有与其他沙箱工具配合使用，才能起到一定的效果。

① 单击【根据网格创建】按钮 📧 ，在数值控制栏出现以"栅格间距"为名称的输入栏，如输入 2000，按 Enter 键结束操作。

图 6-12   绘制第一方向网格线

② 在场景中单击确定第一点，按住鼠标左键不放向右拖动，如图 6-12 所示。

③ 单击确定第二点，向下拖动鼠标，如图 6-13 所示。

④ 单击确定网格面，从俯视图转换到等轴视图，如图 6-14 所示。

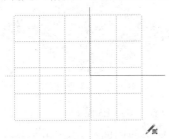

图 6-13   绘制第二方向网格线

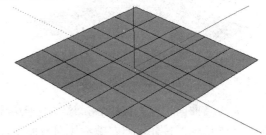

图 6-14   完成网格面的创建

6.2.3   【曲面起伏】工具

【曲面起伏】工具主要用于对平面线、点进行拉伸，改变它的起伏度。

① 双击网格，进入网格编辑状态，如图 6-15 所示。

② 单击【曲面起伏】按钮 🖐 ，创建曲面起伏，如图 6-16 所示。

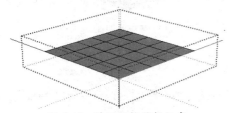

图 6-15   进入网格编辑状态

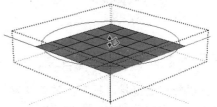

图 6-16   创建曲面起伏

③ 红色的圈代表半径大小，在数值控制栏中输入数值可以改变半径大小，如输入 5000，按 Enter 键结束操作。对着网格按住鼠标左键不放，向上拖动，松开鼠标后在场景中单击，最终效果如图 6-17 所示。

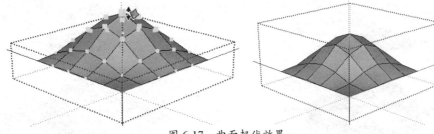

图 6-17   曲面起伏效果

④ 在数值控制栏中改变半径大小，如输入 500，曲面起伏效果如图 6-18 所示。

6.2.4 【曲面平整】工具

当模型处于因有高差距离而倾斜时，使用曲面平整工具可以偏移一定的距离将模型放在地形上。

① 绘制一个矩形并推拉成模型，将其放置到地形中，如图 6-19 所示。

② 再将其放置到地形上方，如图 6-20 所示。

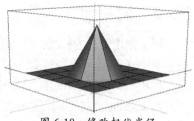

图 6-18　修改起伏半径

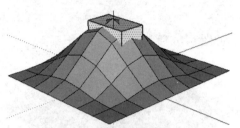

图 6-19　绘制矩形并推拉出块

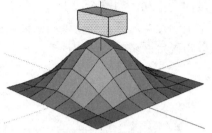

图 6-20　移动矩形块

③ 单击【曲面平整】按钮 ，这时矩形块模型下方出现一个红色底面，如图 6-21 所示。

④ 单击地形，按住鼠标左键不放向上拖动，使矩形块模型与曲面对齐，如图 6-22 所示。

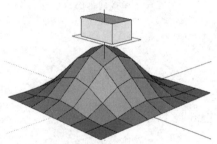

图 6-21　显示红色底面

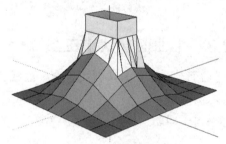

图 6-22　曲面平整结果

6.2.5 【曲面投射】工具

曲面投射就是指在地形上放置路网，一是将地形投射到水平面上，在平面上绘制路网；二是在平面上绘制路网，再把路网放到地形上。

1. 地形投射平面

将地形投射到一个矩形面上的操作步骤如下：

① 在地形上方创建一个矩形平面，如图 6-23 所示。

② 用【选择】工具选中矩形面，再单击【曲面投射】按钮 ，如图 6-24 所示。

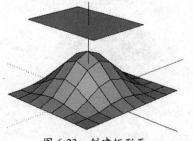

图 6-23　创建矩形面

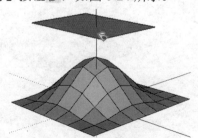

图 6-24　选择要投射的平面

③　对着矩形单击进行确定，则将地形投射在水平面上，如图 6-25 所示。

2. 平面投射地形

将一个圆形面投射到地形上。

①　在地形上方创建一个圆形面，如图 6-26 所示。

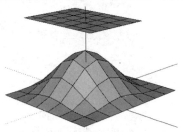

图 6-25　投射地形到平面

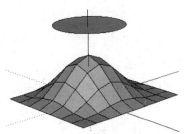

图 6-26　创建圆形面

②　用【选择】工具选中地形，再单击【曲面投射】按钮 🔍，如图 6-27 所示。

③　对着地形单击进行确定，则将平面投射到地形中，如图 6-28 所示。

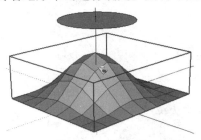

图 6-27　选择地形

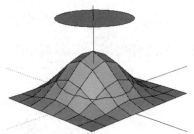

图 6-28　投射圆形面到地形上

6.2.6　【添加细部】工具

【添加细部】工具主要用于将网格地形按需要进行细分，以达到精确的地形效果。

①　双击网格地形进入编辑状态，如图 6-29 所示。

②　选中网格地形，如图 6-30 所示。

③　单击【添加细部】按钮 🔲，当前选中的几个网格即可以被细分，如图 6-31 所示。

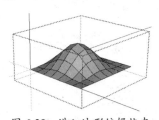

图 6-29　进入地形编辑状态

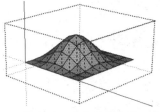

图 6-30　选中网格地形

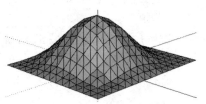

图 6-31　细分网格

6.2.7　【对调角线】工具

【对调角线】工具主要用于对四边形的对角线进行翻转变换，对模型进行一些微调。

①　双击网格地形进入编辑状态，单击【对调角线】按钮 🔲，移动鼠标指针到地形线上，如图 6-32 所示。

②　单击对角线，此时对角线发生翻转，如图 6-33 所示。

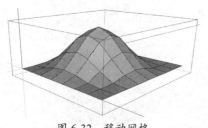
图 6-32 移动网格

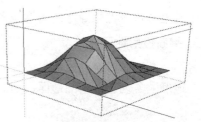
图 6-33 对角线发生翻转

6.3 地形创建综合案例

在学习了沙箱工具的使用后，接下来主要利用沙箱工具绘制地形场景，包括绘制山峰地形、绘制山丘地形、塑造地形场景、创建颜色渐变地形、创建卫星地形等，内容丰富，方便读者迅速掌握创建不同地形场景的方法。

6.3.1 案例——创建山峰地形

本例主要利用沙箱工具绘制山峰地形，其效果如图 6-34 所示。

图 6-34 山峰地形

结果文件：\Ch06\山峰地形.skp
视频：\Ch06\山峰地形.wmv

① 单击【根据网格创建】按钮▦，在数值控制栏中将栅格间距设为 2000mm，绘制网格地形，如图 6-35 所示。
② 双击网络地形进入编辑状态，如图 6-36 所示。

图 6-35 绘制网格地形

图 6-36 网格地形编辑状态

③ 单击【曲面起伏】按钮◈，在数值控制栏中设定半径值，拉伸网格，如图 6-37 所示。
④ 继续拉伸出有高低层次感的连绵山锋效果，如图 6-38 所示。

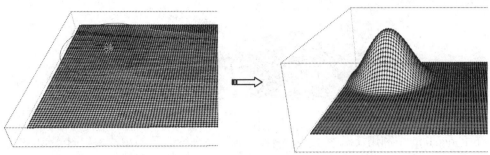

图 6-37 创建曲面起伏

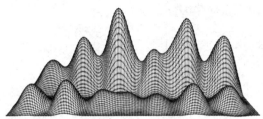

图 6-38 连绵山锋效果

⑤ 选中地形，在【柔化边线】面板中选中【平滑法线】和【软化共面】复选框，如图 6-39 所示。

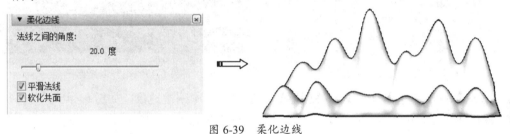

图 6-39 柔化边线

⑥ 在【材料】面板中，找到一种适合山峰的【模糊植被 02】材质填充地形，如图 6-40 所示。

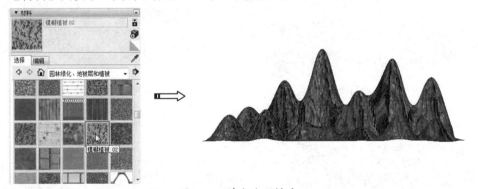

图 6-40 填充地形材质

6.3.2 案例——创建颜色渐变地形

本例主要利用一张渐变图片对地形进行投影，如图 6-41 所示为效果图。

结果文件：\Ch06\渐变地形.skp

视频：\Ch06\渐变地形.wmv

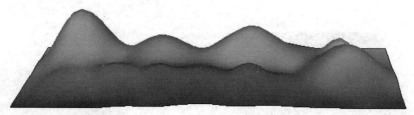

图 6-41

① 在 Photoshop 中利用【渐变工具】制作一张填充渐变颜色的图片，如图 6-42 和图 6-43 所示。完成后导出。

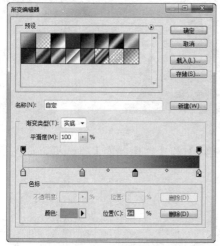

图 6-42 设置渐变色

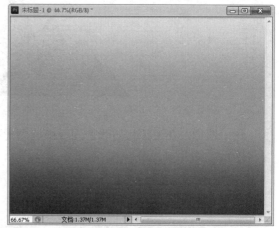

图 6-43 制作渐变色图片

② 在 SketchUp 中单击【根据网格创建】按钮 ，绘制网格地形，如图 6-44 所示。

③ 双击网格地形进入编辑状态，单击【曲面起伏】按钮 ，创建山体，如图 6-45、图 6-46 和图 6-47 所示。

图 6-44 绘制网格地形

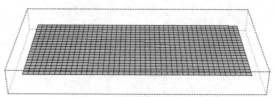

图 6-45 激活网格地形

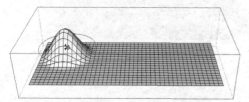

图 6-46 拉出网格

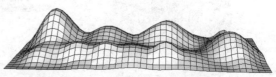

图 6-47 完成山体地形的创建

④ 在【柔化边线】面板中选中【平滑法线】和【软化共面】复选框，得到平滑的地形效果，如图 6-48 和图 6-49 所示。

⑤ 选择【文件】|【导入】命令，导入渐变颜色图片，摆放在合适的位置，如图 6-50 所示。

⑥ 单击【缩放】按钮 ，对图片进行适当缩放，使它与地形相适合，如图 6-51 所示。

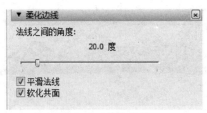

图 6-48 柔化边线

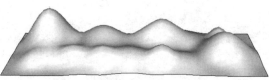

图 6-49 柔化效果

图 6-50 导入图片

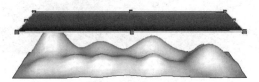

图 6-51 缩放图片

⑦ 分别选中图片和地形，单击鼠标右键，选择【分解】命令，如图 6-52 所示。

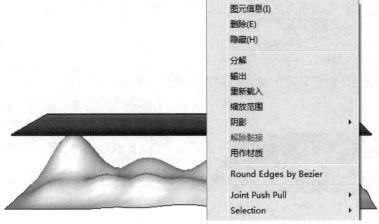

图 6-52 分解图片与地形

⑧ 在【材料】面板中单击【样本颜料】按钮 ✎，吸取图片材质到【材料】面板中，如图 6-53 和图 6-54 所示。

图 6-53 吸取颜色材质

图 6-54 将颜色吸取到【材料】面板

⑨ 为地形填充材质，如图 6-55 所示。

⑩ 删除图片，渐变山体效果如图 6-56 所示。

图 6-55 给地形填充材质

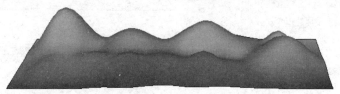

图 6-56 最终效果

6.3.3 案例——创建卫星地形

本例主要利用一张卫星地形图片对地形进行投影，如图 6-57 所示为效果图。

源文件：\Ch06\卫星地图.jpg
结果文件：\Ch06\卫星地形.skp
视频：\Ch06\卫星地形.wmv

① 单击【根据网格创建】按钮 ，绘制网格地形，如图 6-58 所示。

图 6-57 卫星地形

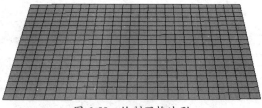

图 6-58 绘制网格地形

② 双击网格地形进入编辑状态，单击【曲面起伏】按钮 ，创建起伏地形，如图 6-59 和图 6-60 所示。

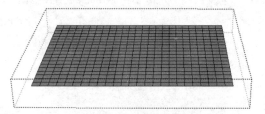

图 6-59 激活网格地形

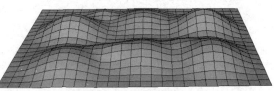

图 6-60 创建起伏地形

③ 选中起伏地形，单击【添加细部】按钮 ，细分曲面，结果如图 6-61 所示。

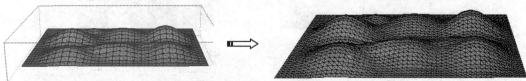

图 6-61 细分曲面

④ 在【柔化边线】面板中选择【平滑法线】和【软化共面】复选框，得到平滑的地形效果，如图 6-62 所示。

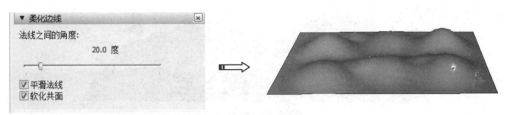

图 6-62 柔化边线

⑤ 选择【文件】|【导入】命令，导入卫星地形图片，如图 6-63 所示。

⑥ 分别选中图片和地形，单击鼠标右键，选择【分解】命令，如图 6-64 所示。

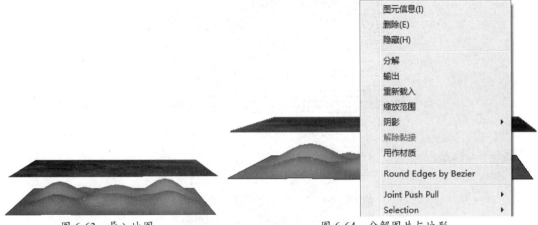

图 6-63 导入地图

图 6-64 分解图片与地形

⑦ 在【材料】面板中单击【样本颜料】按钮，吸取图片材质进行填充，如图 6-65 所示。

⑧ 删除图片，卫星地形效果如图 6-66 所示。

图 6-65 给地形填充材质

图 6-66 卫星地形效果

6.3.4 案例——塑造地形场景

本例主要利用沙箱工具绘制地形，如图 6-67 所示为效果图。

源文件：\Ch06\别墅模型.skp

结果文件：\Ch06\塑造地形场景.skp

视频：\Ch06\塑造地形场景.wmv

图 6-67　效果图

① 单击【根据网格创建】按钮，在数值控制栏中的【栅格距离】中输入 2000mm，绘制平面网格，如图 6-68 所示。

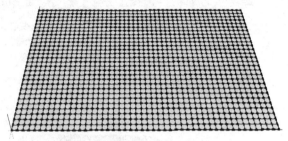

图 6-68　绘制平面网格

② 双击平面网格，进入编辑状态，如图 6-69 所示。

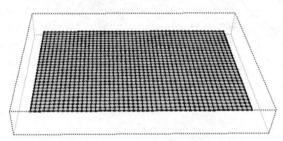

图 6-69　进入平面网格编辑状态

③ 单击【曲面起伏】按钮，对网格地形进行任意的曲面起伏变形，曲面起伏效果如图 6-70 所示。

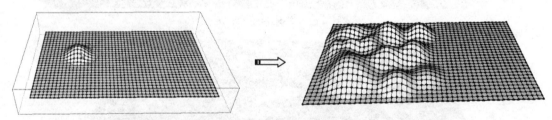

图 6-70　曲面起伏变形

④ 对地形网格线进行柔化，如图 6-71 所示，调整后的网格地形边线如图 6-72 所示。

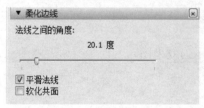

图 6-71　柔化设置

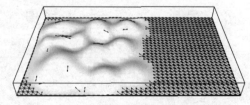

图 6-72　柔化效果

⑤　再选中【软化共面】复选框，如图 6-73 所示，调整后的效果如图 6-74 所示。

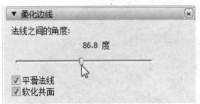

图 6-73　软化共面设置

图 6-74　软化共面效果

⑥　双击地形进入编辑状态，如图 6-75 所示。

⑦　在【材料】面板中选择一种颜色材质，如图 6-76 所示。

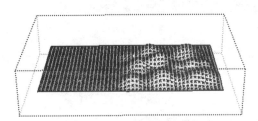

图 6-75　进入地形编辑状态

图 6-76　选择颜色材质

⑧　为地形填充颜色，如图 6-77 所示。

图 6-77　为地形填充颜色

⑨　单击【圆弧】按钮 和【直线】按钮 ，绘制路面，如图 6-78 所示。

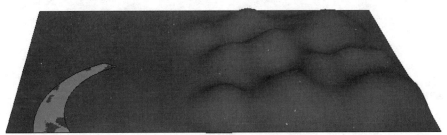

图 6-78　绘制路面

⑩　单击【推/拉】按钮 ，将路面向上推 300mm，如图 6-79 所示。

图 6-79　推出路面效果

⑪　在【材料】面板中，选择一种路面材质进行填充，如图 6-80 所示。

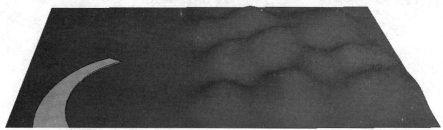

图 6-80　给路面填充材质

⑫　选择【文件】|【导入】命令，打开别墅模型，将其放在地形的合适位置，如图 6-81 所示。

图 6-81　导入别墅模型

⑬　导入植物组件，最终效果如图 6-82 所示。

图 6-82　导入植物组件

CHAPTER 7

材质与贴图的应用

本章导读

SketchUp 的材质组成大致包括颜色、纹理、贴图、漫反射和光泽度、反射与折射、透明与半透明、自发光等。材质在 SketchUp 中应用广泛，它可以使一个普通的模型变得更生动。

学习要点

- ☑ 使用材质
- ☑ 材质贴图
- ☑ 材质与贴图应用案例

扫码看视频

7.1 使用材质

前面介绍了如何使用 SketchUp 中的默认材质，本节主要介绍如何导入材质及应用材质，以及如何利用材质生成器将图片生成材质。

7.1.1 导入材质

这里以一组下载好的外界材质为例，教大家导入外界材质的方法。

 源文件：\Ch07\SketchUp 材质

① 在默认面板区域展开【材料】面板，如图 7-1 所示。
② 单击【详细信息】按钮 ，在弹出的菜单中选择【打开和创建材质库】命令，如图 7-2 所示。
③ 在弹出的【选择集合文件夹或创建新文件夹】对话框中，从本例源文件夹中打开 SketchUp 材质，如图 7-3 所示。
④ 单击 确定 按钮，即可将外界的材质导入到【材料】面板中，如图 7-4 所示。

图 7-1 【材料】面板

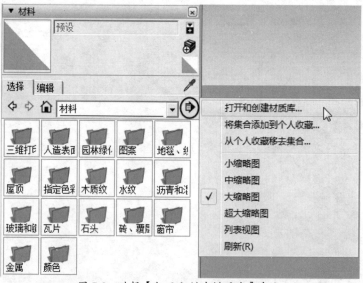

图 7-2 选择【打开和创建材质库】命令

提示：
导入到【材料】面板中的材质必须是一个文件夹的形式，里面的材质文件的格式必须是 *.skm 格式。

图 7-3　选择材质文件夹

图 7-4　添加完成的材质

7.1.2　材质生成器

　　SketchUp 中的材质除了系统自带的材质库以外，还可以下载其他材质，也可以利用材质生成器自制材质库。材质生成器是一个自行下载的"插件"程序，它可以将一些*.jpg、*.bmp 格式的素材图片转换成*.skm 格式，在 SketchUp 中可以直接使用。

 源文件：\Ch07\SKMList.exe

① 在本例源文件夹中双击  SKMList.exe 程序，弹出【SketchUp 材质库生成工具】对话框，如图 7-5 所示。

② 单击 Path ... 按钮，选择想要生成材质的图片文件夹，如图 7-6 所示。

图 7-5　【SketchUp 材质库生成工具】对话框

图 7-6　选择图片文件夹

③ 单击 确定 按钮，将当前的图片添加到材质生成器中，如图 7-7 所示。

④ 单击 Save ... 按钮，保存图片，弹出【另存为】对话框，如图 7-8 所示。

⑤ 单击 保存(S) 按钮，图片材质生成完成，关闭材质库生成工具。

⑥ 打开【材料】面板，利用之前学过的方法导入材质，如图 7-9 所示为已经添加好材质的文件夹。

⑦ 双击文件夹，即可打开它应用其中的材质，如图 7-10 所示。

图 7-7　添加材质到生成器中

图 7-8　保存图片

图 7-9　添加完成的材质文件夹

图 7-10　打开材质文件夹

7.1.3　材质应用

利用之前导入的材质，或者自己将喜欢的图片生成材质应用到模型中。

 源文件：\Ch07\茶壶.skp

① 打开本例源文件夹下的【茶壶.skp】模型，如图 7-11 所示。
② 打开【材料】面板，可以在下拉列表中快速查找之前导入的 SketchUp 材质文件夹，如图 7-12 所示。
③ 框选模型，选择一种适合的材质，如图 7-13 和图 7-14 所示。
④ 将鼠标指针移到模型上，填充材质，如图 7-15 和图 7-16 所示。
⑤ 此时的填充效果不是很理想，选择【编辑】选项卡，修改一下纹理尺寸，如图 7-17 和图 7-18 所示。
⑥ 修改一下材质颜色，效果如图 7-19 和图 7-20 所示。

图 7-11　打开模型

图 7-12　打开材质文件夹

图 7-13　选中模型

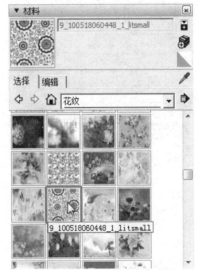

图 7-14　选择合适的材质

图 7-15　填充材质

图 7-16　填充材质的效果

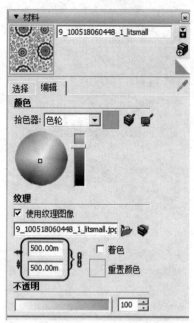

图 7-17　修改纹理参数

图 7-18　修改后的效果

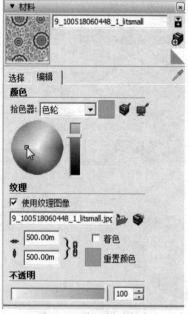

图 7-19　修改材质颜色

图 7-20　修改后的效果

7.2　材质贴图

　　SketchUp 中的材质贴图是应用于平铺图像的，也就是说在上色的时候，图案或图形可以垂直或水平地应用于任何实体，SketchUp 贴图坐标包括"固定图钉"和"自由图钉"两种模式。

7.2.1 固定图钉

每一个图钉都有一个固定而且特有的功能,当固定一个或更多个图钉的时候,固定图钉模式可以按比例缩放、歪斜、剪切和扭曲贴图。在贴图上单击,可以确保选中固定图钉模式。注意:每个图钉都有一个邻近的图标,这些图标代表了应用贴图的不同功能,这些功能只存在于固定图钉模式。

1. 固定图钉

如图 7-21 所示显示了固定图钉模式。

- :拖动此图钉可以移动纹理。
- :拖动此图钉可以调整纹理比例和旋转纹理。
- :拖动此图钉可以调整纹理比例和修剪纹理。
- :拖动此图钉可以扭曲纹理。

2. 图钉快捷菜单

如图 7-22 所示显示了图钉右键快捷菜单。

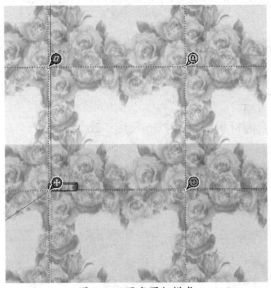 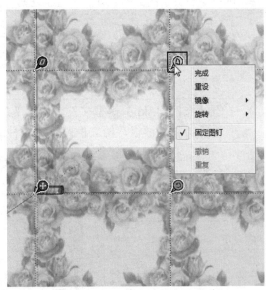

图 7-21　固定图钉模式　　　　图 7-22　显示图钉右键快捷菜单

- 完成:退出贴图坐标,保存当前贴图坐标。
- 重设:重置贴图坐标。
- 镜像:水平(左/右)和垂直(上/下)翻转贴图。
- 旋转:可以在预定的角度里旋转 90°、180° 和 270°。
- 固定图钉:可以在固定图钉和自由图钉之间切换。
- 撤销:可以撤销最后一个贴图坐标的操作,与【编辑】菜单中的【撤销】命令不同,这个还原命令一次只还原一个操作。

7.2.2 自由图钉

只需取消选中固定图钉模式即可进入自由图钉模式。它操作起来比较自由,不受约束,读者可以根据需要自由调整贴图,但相对来说没有固定图钉方便。如图 7-23 所示为自由图钉模式。

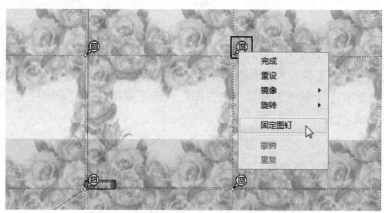

图 7-23　自由图钉模式

7.2.3　贴图技法

在材质贴图中，大致可分为平面贴图、转角贴图、投影贴图和球面贴图等几种方法，每一种贴图方法都有它的不同之处，掌握了这几种贴图技巧，就能尽情发挥材质贴图的最大功能。

1．平面贴图

平面贴图只能对具有平面的模型进行材质贴图，下面通过一个实例来讲解平面贴图的用法。

　源文件：\Ch07\立柜门.skp

① 打开【立柜门.skp】模型文件，如图 7-24 所示。

② 打开【材料】面板，给立柜门添加一种适合的材质，如图 7-25 和图 7-26 所示。

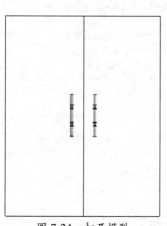

图 7-24　打开模型

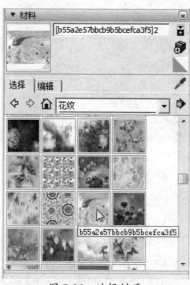

图 7-25　选择材质

图 7-26　给立柜门添加材质

③ 选中右侧门上的纹理图案，单击鼠标右键，选择【纹理】|【位置】命令，出现纹理图案的固定图钉模式，如图 7-27 和图 7-28 所示。

④ 根据之前所讲的图钉功能，调整材质贴图的 4 个图钉，调整完后单击鼠标右键，选择【完成】命令，如图 7-29 和图 7-30 所示。

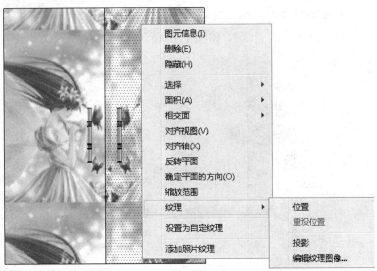

图 7-27 选择右键快捷菜单命令

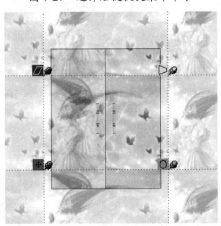

图 7-28 显示固定图钉模式

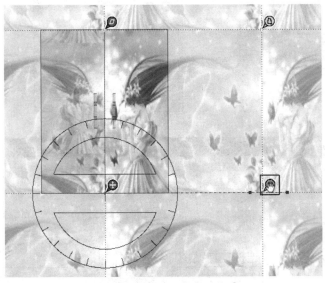

图 7-29 调整纹理比例及位置

图 7-30 完成效果

⑤ 选中另一扇门上的纹理图案，单击鼠标右键，选择【纹理】|【位置】命令，然后进行纹理的比例及位置调整，如图 7-31 和图 7-32 所示。

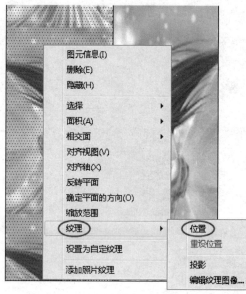

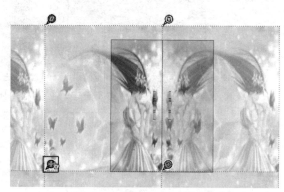

图 7-31　选择右键快捷菜单命令　　　　图 7-32　调整纹理比例与位置

⑥ 调整完后单击鼠标右键，选择【完成】命令，如图 7-33 所示，材质贴图调整完成的效果如图 7-34 所示。

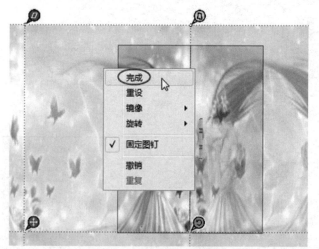

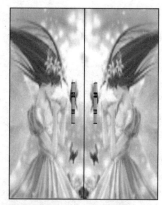

图 7-33　完成纹理调整　　　　图 7-34　最终效果

提示：

　　材质贴图坐标只能在平面上进行操作，在编辑过程中，按住 Esc 键，可以使贴图恢复到前一个位置。按 Esc 键两次可以取消整个贴图坐标操作。在贴图坐标中，可以在任何时候使用右键快捷菜单恢复到前一个操作，或者从相关菜单中选择返回。

2. 转角贴图

转角贴图能将模型具有转角的地方进行无缝连接，使贴图效果非常均匀。

源文件：\Ch07\柜子.skp

① 打开【柜子.skp】模型文件，如图 7-35 所示。

② 打开【材料】面板，给柜子添加适合的材质，如图 7-36 和图 7-37 所示。

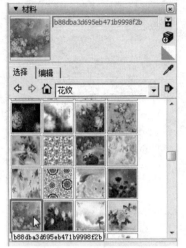

图 7-35　打开模型　　　　图 7-36　选择材质贴图　　　　图 7-37　给模型面添加贴图

③ 选中贴图图案，单击鼠标右键，选择【纹理】|【位置】命令，如图 7-38 所示。

④ 调整图钉，单击鼠标右键，选择【完成】命令，如图 7-39 和图 7-40 所示。

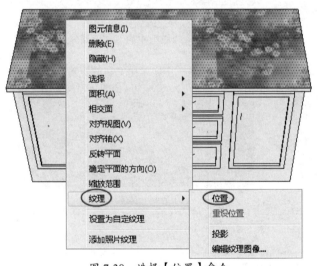

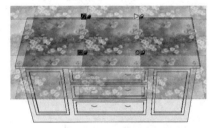

图 7-38　选择【位置】命令　　　　　　图 7-39　调整图钉

⑤ 单击【材质】按钮，按住 Alt 键不放，鼠标指针变成吸管工具，吸取刚才完成的材质贴图样式，如图 7-41 所示。

⑥ 吸取材质贴图后，即可为相邻的面填充材质，形成一种图案无缝连接的样式，如图 7-42 所示。

⑦ 依次对柜子的其他地方填充材质贴图，效果如图 7-43 和图 7-44 所示。

3. 投影贴图

投影贴图将以投影的方式将图案投射到模型上。

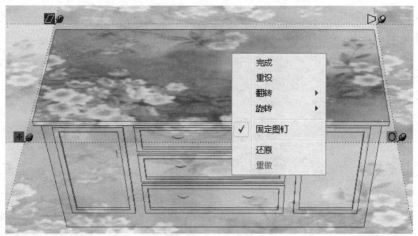

图 7-40　完成调整

图 7-41　吸取贴图样式

图 7-42　给模型中的相邻面填充材质

图 7-43　完成其他面的填充

图 7-44　最终效果

 源文件：\Ch07\咖啡桌.skp

① 打开【咖啡桌.skp】模型文件，如图 7-45 所示。

② 在菜单栏中选择【文件】|【导入】命令，导入一张图片，并使其在模型上方与模型平行，如图 7-46 所示。

图 7-45　打开模型

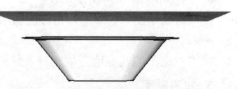

图 7-46　导入图片

③ 分别在模型和图片上单击鼠标右键，然后选择【分解】命令，如图 7-47 所示。

④ 在图片纹理上单击鼠标右键，选择【纹理】|【投影】命令，如图 7-48 所示。

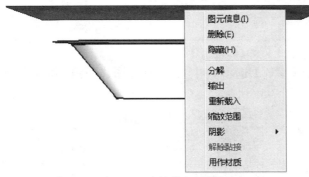

图 7-47　选择【分解】命令

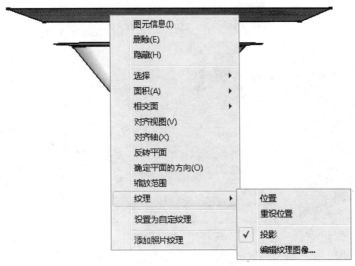

图 7-48　选择【投影】命令

⑤　以 X 光透射模式来显示模型，方便查看投影效果，如图 7-49 所示。

⑥　打开【材料】面板，单击【样本颜料】按钮 ✎，吸取图片材质，如图 7-50 所示。

图 7-49　X 光透射模式

图 7-50　吸取图片材质

⑦　对着模型单击，填充材质，如图 7-51 所示。

⑧　取消 X 光透射模式，将图片删除，最终效果如图 7-52 所示。

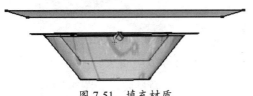

图 7-51　填充材质

图 7-52　最终效果

4. 球面贴图

球面贴图同样是以投影的方式将图案投射到球面上的。

📁 **源文件：** \Ch07\地球图片.jpg

① 绘制一个球体和一个正方形面，如图 7-53 所示。

② 在【材料】面板的【编辑】选项卡中导入【地球图片.jpg】，给正方形面添加自定义纹理
材质，如图 7-54 和图 7-55 所示。

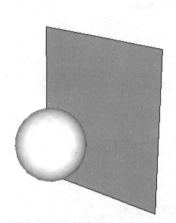

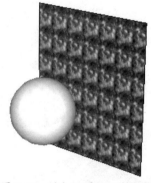

图 7-53　绘制球体和正方形面　　　　图 7-54　导入图片　　　　图 7-55　添加贴图给正方形面

③ 此时，填充的纹理不均匀，在纹理贴图上单击鼠标右键，选择【纹理】|【位置】命令，
开启固定图钉模式，然后调整纹理贴图，如图 7-56 和图 7-57 所示。

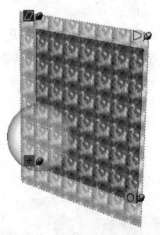

图 7-56　开启固定图钉模式　　　　　　　　图 7-57　调整纹理贴图

④ 在正方形面上单击鼠标右键，选择【纹理】|【投影】命令，如图 7-58 所示。

⑤ 单击【材料】面板中的【样本颜料】按钮 ✐，吸取正方形面材质，如图 7-59 所示。

⑥ 对着球面单击，即可添加材质，如图 7-60 所示。最后将图片删除，得到如图 7-61 所示
的地球效果。

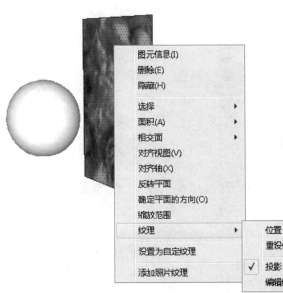

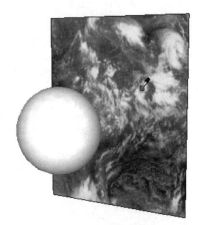

图 7-58　选择右键快捷菜单命令　　　　　图 7-59　吸取矩形面材质

图 7-60　给球体添加材质　　　　　　图 7-61　地球效果

7.3　材质与贴图应用案例

在学习了贴图技法，掌握了不同的贴图方法后，本节通过几个实例的操作，让大家更加灵活地应用材质贴图。

7.3.1　案例——创建瓷盘贴图

本例主要应用材质工具和贴图坐标来创建瓷盘贴图。

　源文件：\Ch04\瓷盘.skp、图案 1.jpg

　　结果文件：\Ch04\瓷盘.skp

　　视频：\Ch04\瓷盘贴图.wmv

① 打开瓷盘模型，如图 7-62 所示。

② 在【材料】面板的【编辑】选项卡中导入【图案 1.jpg】图片，填充自定义纹理材质，

如图 7-63 和图 7-64 所示。

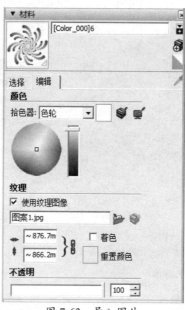

图 7-62　打开模型　　　　　　图 7-63　导入图片　　　　　　　　图 7-64　添加贴图材质

③ 选择【视图】|【隐藏物体】命令，将模型以虚线显示，整个模型面被均分为多份，如图 7-65 所示。

④ 在其中一份纹理贴图上单击鼠标右键，并选择【纹理】|【位置】命令，开启固定图钉模式，如图 7-66 所示。调整纹理贴图后单击鼠标右键，选择【完成】命令，完成纹理图片的调整，如图 7-67 和图 7-68 所示。

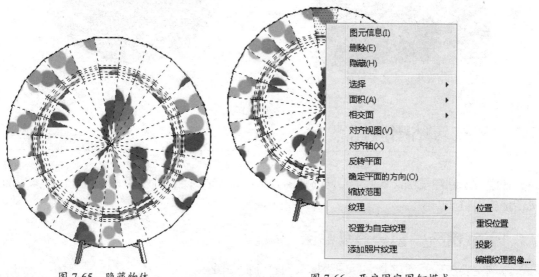

图 7-65　隐藏物体　　　　　　　　　图 7-66　开启固定图钉模式

⑤ 在【材料】面板中单击【样本颜料】按钮，吸取调整好的纹理贴图，如图 7-69 所示。然后依次对模型的其余面进行填充，如图 7-70 所示。

⑥ 再次选择菜单栏中的【视图】|【隐藏物体】命令，将虚线取消，最终贴图效果如图 7-71 所示。

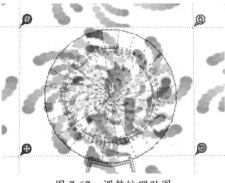
图 7-67　调整纹理贴图

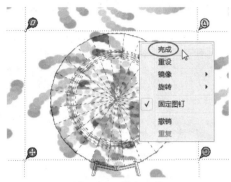
图 7-68　完成调整

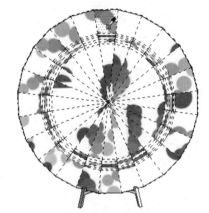
图 7-69　吸取样本颜料

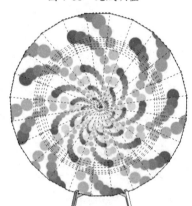
图 7-70　依次填充其余面

图 7-71　贴图效果

7.3.2　案例——创建台灯贴图

本例主要应用材质工具和贴图坐标来创建台灯贴图。

源文件：\Ch04\台灯.skp、图案 2.jpg

结果文件：\Ch04\台灯.skp

视频：\Ch04\台灯贴图.wmv

① 打开台灯模型，如图 7-72 所示。

② 在【材料】面板的【编辑】选项卡中导入【图案 2.jpg】，填充自定义纹理材质，如图 7-73 和图 7-74 所示。

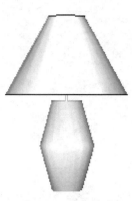

图 7-72　打开模型

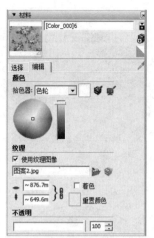

图 7-73　选择贴图图片文件

③　选择【视图】|【隐藏物体】命令，将模型以虚线显示，如图 7-75 所示。

图 7-74　添加贴图

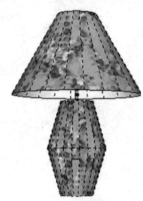

图 7-75　隐藏物体

④　在某一个面中的纹理贴图上单击鼠标右键，再选择【纹理】|【位置】命令，开启固定图钉模式，如图 7-76 所示。然后调整材质贴图，最后单击鼠标右键，选择【完成】命令，完成贴图的调整，如图 7-77 和图 7-78 所示。

⑤　单击【样本颜料】按钮🖊，吸取材质贴图，然后依次填充到其他面上，如图 7-79 和图 7-80 所示。

⑥　再次选择【视图】|【隐藏物体】命令，将虚线取消，效果如图 7-81 所示。

图 7-76　开启固定图钉模式

图 7-77　调整贴图比例及位置

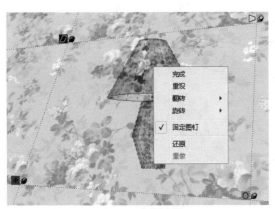

图 7-78 完成调整

图 7-79 吸取材质贴图

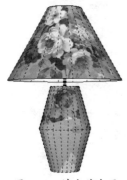

图 7-80 填充其余面

图 7-81 最终贴图效果

7.3.3 案例——创建花瓶贴图

本例主要应用材质工具和贴图坐标来创建花瓶贴图。

源文件：\Ch04\花瓶.skp、图案 3.jpg
结果文件：\Ch04\花瓶.skp
视频：\Ch04\花瓶贴图.wmv

① 打开花瓶模型，如图 7-82 所示。

② 在【材料】面板的【编辑】选项卡中导入【图案 3.jpg】，填充自定义纹理材质，如图 7-83
和图 7-84 所示。

图 7-82 打开模型

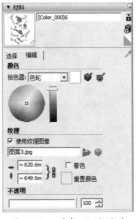

图 7-83 选择贴图图片

图 7-84 给模型添加贴图

③ 选择【视图】|【隐藏物体】命令，将模型以虚线显示，如图 7-85 所示。

④ 在模型平面上单击鼠标右键，选择【纹理】|【位置】命令，开启固定图钉模式，如图 7-86 所示，调整材质贴图，单击鼠标右键，选择【完成】命令，如图 7-87、图 7-88 所示。

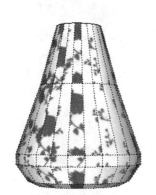

图 7-85　隐藏物体

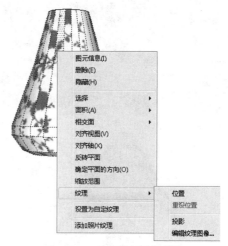

图 7-86　开启固定图钉模式

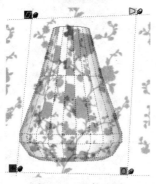

图 7-87　调整贴图

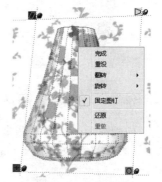

图 7-88　完成调整

⑤ 单击【样本颜料】按钮 ，吸取材质贴图，如图 7-89 所示。

⑥ 依次对模型的其他面进行填充，如图 7-90 所示。

⑦ 再次选择【视图】|【隐藏物体】命令，将虚线取消，效果如图 7-91 所示。

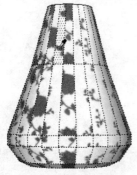

图 7-89　吸取贴图

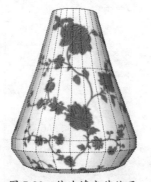

图 7-90　依次填充其他面

图 7-91　最终贴图效果

CHAPTER 8

V-Ray for SketchUp
渲染入门

本章导读

本章将介绍渲染知识，这里主要介绍 V-Ray for SketchUp 2018 渲染器。这个渲染器能与 SketchUp 完美地结合，渲染出高质量的图片效果。

学习要点

☑ V-Ray for SketchUp 渲染器

☑ 光源、反光板与摄像机

☑ V-Ray 材质与贴图

☑ V-Ray 渲染器设置

☑ 建筑与室内场景渲染案例

扫码看视频

V-Ray 渲染引擎是目前比较流行的主流渲染引擎之一，V-Ray 是一款外挂渲染器，支持 3ds Max、Maya、SketchUp、Revit、SketchUp 等大型三维建模与动画软件。

8.1 V–Ray for SketchUp 渲染器

V-Ray 渲染软件是世界领先的计算机图形技术公司 Chaos Group 的产品。

在创建复杂的场景时，过去的很多渲染程序必须花大量时间调整光源的位置和强度，才能得到理想的照明效果，而 V-Ray for SketchUp 渲染器具有全局光照和光线追踪功能，在完全不需要放置任何光源的场景中，也可以计算出很出色的图片效果，并且完全支持 HDRI 贴图，具有很强的着色引擎、灵活的材质设定、较快的渲染速度等。最为突出的是它的焦散功能，可以产生逼真的焦散效果，所以 V-Ray 又具有"焦散之王"的称号。

由于 SketchUp 没有内置的渲染器，因此要得到照片级的渲染效果，只能借助其他渲染器来完成。V-Ray 渲染器是目前最为强大的全局光渲染器之一，适用于建筑及产品渲染。通过使用此渲染器，既可发挥出 SketchUp 的优势，又可弥补 SketchUp 的不足，从而制作出高质量的渲染作品。

8.1.1 V–Ray 简介

1. V-Ray 的优点

- 最为强大的渲染器之一，具有高质量的渲染效果，支持室外、室内及产品渲染。
- V-Ray 还支持其他三维软件，如 3ds Max、Maya，其使用方式及界面相似。
- 以插件的方式实现对 SketchUp 场景的渲染，实现了与 SketchUp 的无缝整合，使用起来很方便。
- V-Ray 有最为广泛的用户群，教程、资料、素材非常丰富，遇到困难很容易通过网络找到答案。

2. V-Ray 的材质分类

- 标准材质和常用材质可以模拟出多种材质类型，如图 8-1 所示。
- 角度混合材质是与观察角度有关的材质，如图 8-2 所示。

图 8-1　标准材质

图 8-2　角度混合材质

- 双面材质有一种半透明的效果，如图 8-3、图 8-4 所示。
- SketchUp 双面材质可以对单面模型的正面及反面使用不同的材质，如图 8-5 所示。
- 卡通材质可将模型渲染成卡通效果，如图 8-6 所示。

图 8-3　双面材质 1

图 8-4　双面材质 2

图 8-5　SketchUp 双面材质

图 8-6　卡通材质

8.1.2　V-Ray for SketchUp 工具栏

如图 8-7 所示为 V-Ray 渲染工具栏。

在【V-Ray for SketchUp】工具栏中单击【资源过滤器】按钮，弹出【V-Ray 资源管理器】对话框，如图 8-8 所示。【V-Ray 资源管理器】对话框中包含 4 个用于管理 V-Ray 资源和渲染设置的选项卡：【材质】选项卡、【光源】选项卡、【模型】选项卡和【设置】选项卡。

图 8-7　V-Ray 渲染工具栏

图 8-8　【V-Ray 资源管理器】对话框

后面将详细介绍这 4 个选项卡。除了使用 4 个选项卡中的工具，还可以使用渲染工具进行渲染操作，如图 8-9 所示。

单击【V-Ray 帧缓冲器】按钮█，弹出帧缓冲窗口，如图 8-10 所示，通过帧缓冲窗口可以查看渲染过程。

图 8-9　渲染工具

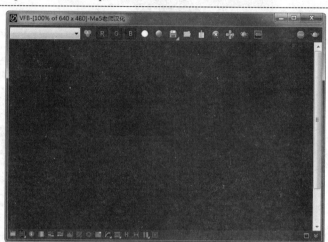

图 8-10　V-Ray 帧缓冲器

8.2　光源、反光板与摄像机

本节主要讲述光源的特性与参数、反光板与摄像机的调整方式。

8.2.1　光源的布置要求

光源的布置要根据具体的对象来安排，工业产品渲染一般都会开启全局照明功能来获得较好的光照分布。场景中的光线可以来自全局照明中的环境光（在【Environment】面板中设置），也可以来自光源对象，一般会将两者结合使用。全局照明中的环境光产生的照明是均匀的，若强度太大会使画面显得比较平淡，而利用光源对象可以很好地塑造产品的亮部与暗部，应作为主要光源使用。

光源在产品的渲染中起着至关重要的作用，精确的光线是表现物体材质效果的前提，用户可以参照摄影中的"三点布光法则"来布置场景中的光源。

● 最好以全黑的场景开始布置光源，并注意每增加一盏光源后所产生的效果。

● 要明确每一盏光源的作用与产生照明的程度，不要创建用意不明的光源。

● 环境光的强度不宜太高，以免画面过于平淡。

1. 主光源

主光源是场景中的主要照明光源，也是产生阴影的主要光源。一般把它放置在与主体成 45°角左右的一侧，其水平位置通常要比相机高。主光的光线越强，物体的阴影就越明显，明暗对

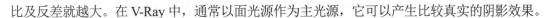

比及反差就越大。在 V-Ray 中，通常以面光源作为主光源，它可以产生比较真实的阴影效果。

2. 辅光源

辅光源又称为补光，用来补充主光产生的阴影面的照明，显示出物体阴影面的细节，使物体阴影变得更加柔和，同时会影响主光的照明效果。辅光通常被放置在低于相机的位置，亮度是主光的 1/2~2/3，这个光源产生的阴影很淡。渲染时一般用泛光灯或者低亮度的面光源来作为辅光。

3. 背光

背光也叫作反光或者轮廓光，设置背光的目的是照亮物体的背面，从而将物体从背景中区分出来。背光通常放在物体的后侧，亮度是主光的 1/3~1/2，背光产生的阴影最不清晰。由于使用了全局照明功能，在布置光源时也可以不安排背光。

以上只是最基本的光源布置方法，在实际的渲染工作中，需要根据不同的目的和渲染对象来确定相应的光源布置方案。

8.2.2　设置 V-Ray 环境光

单击【资源编辑器】按钮⊘，弹出【V-Ray 资源编辑器】对话框。在【设置】选项卡的【环境】卷展栏中，可以设置环境光源，如图 8-11 所示。

在【背景】选项右侧全局照明复选框处于选中状态就表示开启全局照明功能，如图 8-12 所示。全局照明中包含自然界的天光（太阳光经大气折射）、折射光源和反射光源等。

单击【位图编辑】按钮■，如图 8-13 所示，可以编辑全局照明的位图参数，如图 8-14 所示。

当关闭了全局照明后，可以设置场景中的背景颜色，默认颜色是黑色，单击颜色图例，弹出【颜色吸管工具】对话框，在此对话框中编辑背景颜色，如图 8-15 所示。

要想单独在场景中显示天光、反射光或者折射光源，前提是先关闭全局照明功能。如图 8-16 所示为开启全局照明功能的效果与仅开启【天光】的渲染效果对比。

图 8-11　【环境】卷展栏的环境光源设置

图 8-12　默认开启了全局照明

图 8-13　开启位图编辑

在位图编辑器中单击■按钮打开位图图库，然后选择【天空】贴图进行编辑，如图 8-17 所示。

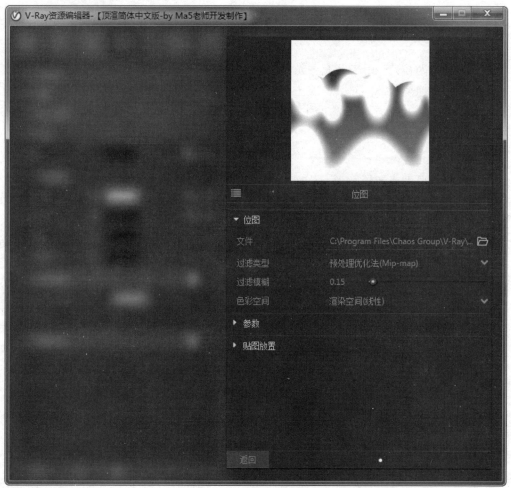

图 8-14 全局照明的位图编辑

图 8-15 编辑背景颜色

开启全局照明

关闭全局照明（仅天光）

图 8-16 天光渲染效果

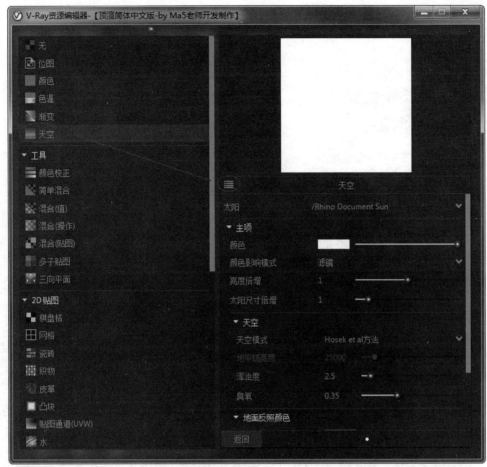

图 8-17　编辑天空贴图

8.2.3　布置 V-Ray 主要光源

光源的布置对于材质的表现至关重要，在渲染时，最好先布置光源再调节材质。场景中光源的照明强度以能最真实反应材质颜色为宜。

V-Ray for SketchUp 的光源布置工具如图 8-18 所示。包括常见的矩形灯（面光源）、球灯（球形光源）、聚光灯（聚光源）、IES 光源、泛光灯（点光源）、穹顶光源、太阳光源及平行光源等。下面仅仅介绍几种常见光源的创建与参数设置。

图 8-18　V-Ray 灯光工具栏

1. 聚光灯

聚光灯也叫"射灯"。聚光灯的特点是光衰很小、亮度高、方向性强、光性特硬、反差甚高、形成的阴影非常清晰，但是缺少变化，显得比较生硬。单击【创建聚光灯】按钮 △，可布置聚光灯，如图 8-19 所示，聚光灯产生的照明效果如图 8-20 所示。

利用【V-Ray 资源编辑器】中【光源】选项卡中的工具，可以编辑聚光灯的参数，如图 8-21 所示。

光源编辑面板顶部的 ⬤ 开关用于控制是否显示聚光灯光源，默认为开启，单击此开关则关闭聚光灯。

图 8-19 聚光灯

图 8-20 聚光灯的照明效果

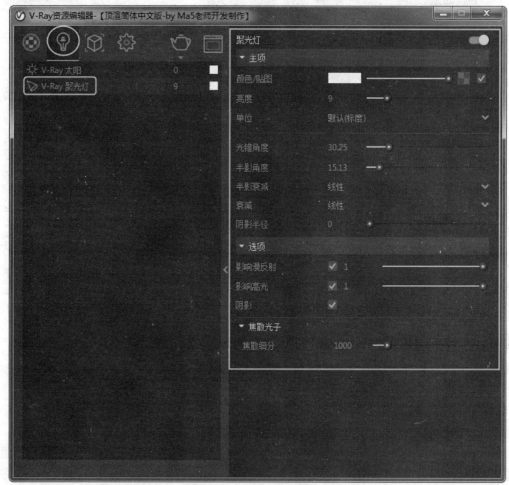

图 8-21 编辑聚光灯参数

（1）【主项】卷展栏。

● 【颜色/贴图】：用于设置光源的颜色及贴图。

● 【亮度】：用于设置光源的强度，默认值为 1。

● 【单位】：指定测量的光照单位。使用正确的单位至关重要，灯光会自动将场景单位尺寸考虑在内，以便为所用的比例尺生成正确的结果。

● 【光锥角度】：指定由 V 射线聚光灯形成的光锥的角度。该值以度数指定。

● 【半影角度】：指定光线从全强转变为无照明的光锥内的角度。当将其设置为 0 时，不存在转换，光线会产生严酷的边缘。该值以度数指定。

- 【半影衰减】：确定灯光在光锥内从全强转换为无照明的方式。包含两种类型：【线性】与【平滑三次方】。【线性】表示灯光不会有任何衰减；【平滑三次方】表示光线会以真实的方式褪色。
- 【衰减】：设置光源的衰减类型，包括【线性】、【倒数】和【平方反比】3 种类型，后面两种衰减类型的光线衰减效果是非常明显的，所以在使用这两种衰减方式时，光源的倍增值需要设置得比较大。如图 8-22 所示为不同衰减值的光照衰减效果比较。

图 8-22　不同衰减值的光照衰减效果比较

- 【阴影半径】：控制阴影、高光及明暗过渡的边缘的硬度。数值越大，阴影、高光及明暗过渡的边缘越柔和；数值越小，阴影、高光及明暗过渡的边缘越生硬，如图 8-23 所示。

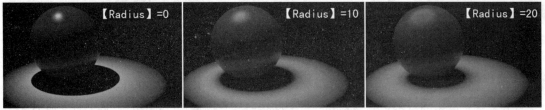

图 8-23　不同半径值的效果比较

（2）【选项】卷展栏
- 【影响漫反射】：启用时，光线会影响材质的漫反射特性。
- 【影响高光】：启用时，光线会影响材料的镜面反射。
- 【阴影】：启用时（默认），灯光投射阴影；禁用时，灯光不投射阴影。

选取聚光灯后打开聚光灯的控制点，通过调整相应的控制点（如图 8-24 所示），可以改变聚光灯的光源位置、目标点、照射范围及衰减范围。

2. 点光源

点光源也称为泛光灯。单击【泛光灯】按钮 ，可以在场景中建立一盏点光源。点光源是一种可以向四面八方均匀照射的光源，场景中可以用多盏点光源协调作用，以产生较好的效果。要注意的是，点光源不能建立过多，否则效果图就会显得平淡而呆板。如图 8-25 所示为在场景中创建点光源，如图 8-26 所示为点光源产生的照明效果。

点光源的参数和聚光灯的基本相同，这里不再赘述。

3. 穹顶光源

穹顶灯是一种 V-Ray 的专用光源，可以用于物理精确的区域光源。单击【穹顶灯】按钮 ，可在场景中在圆顶或球形内创造光以创建传统的全局照明设置。穹顶灯可以模拟天光效果。该光源常被用来设置空间较为宽广的室内场景（教堂、大厅等）或在室外场景中模拟环境光。如图 8-27 所示为在场景中创建穹顶灯光，如图 8-28 所示为穹顶灯模拟天光产生的效果。

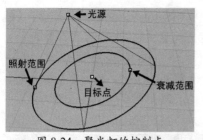

图 8-24 聚光灯的控制点

图 8-25 点光源

图 8-26 点光源的照明效果

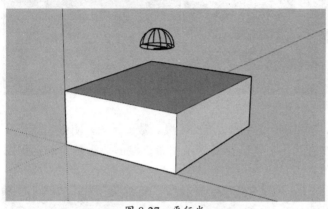

图 8-27 平行光

图 8-28 平行光的照明效果

4. 矩形灯（面光源）

单击【矩形灯】按钮，可建立面光源。面光源在 V-Ray 中扮演着非常重要的角色，除了设置方便，渲染的效果也比较柔和。它不像聚光灯有照射角度的问题，而且能够让反射性材质反射这个矩形光源，从而产生高光，更好地体现物体的质感。

面光源的特性主要有以下几个方面。

- 面光源的大小对其亮度有影响：面光源尺寸大小会影响它本身的光线强度，在相同的高度与光源强度下，尺寸越大其亮度也越大。
- 面光源的大小对投影的影响：较大的面光源光线扩散范围较大，所以物体产生的阴影不明显，较小的面光源光线比较集中，扩散范围较小，所以物体产生的阴影较明显。
- 面光源的光照方向：面光源的照射方向可以从矩形光源物体上突出的那条线的方向来判断。
- 对面光源的编辑：面光源可以用旋转和缩放工具来进行编辑。注意，当用缩放工具调整面积的大小时会对其亮度产生影响。如图 8-29 所示为在场景中创建矩形光源，如图 8-30 所示为矩形光源产生的照明效果。

5. 太阳光源

V-Ray 自带的光源类型与天光配合使用，可以模拟比较真实的太阳光照效果。在自然界中，太阳的位置不同，其光线效果也是不同的，所以 V-Ray 会根据设置的太阳位置来模拟真实的光线效果，如图 8-31 所示。

单击【资源管理器】按钮，弹出【V-Ray 资源管理器】对话框。在【光源】选项卡中，V-Ray 默认创建了 SunLight（太阳光）光源，如图 8-32 所示。展开整个选项卡，可以设置 SunLight 光源选项，如图 8-33 所示。

图 8-29　矩形光源

图 8-30　矩形光源的照明效果

图 8-31　V-Ray 太阳光照效果

图 8-32　【光源】选项卡

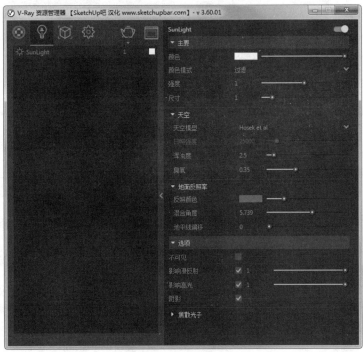

图 8-33　太阳光源选项

通过设置太阳照射强度、浑浊度和臭氧参数，可以模拟实际的太阳光在一天中的活动情况。例如，将太阳设置在东方较低的位置，V-Ray 就会模拟清晨的光线效果，设置在南方较高的位置，就会产生中午的阳光效果，如图 8-34 所示。

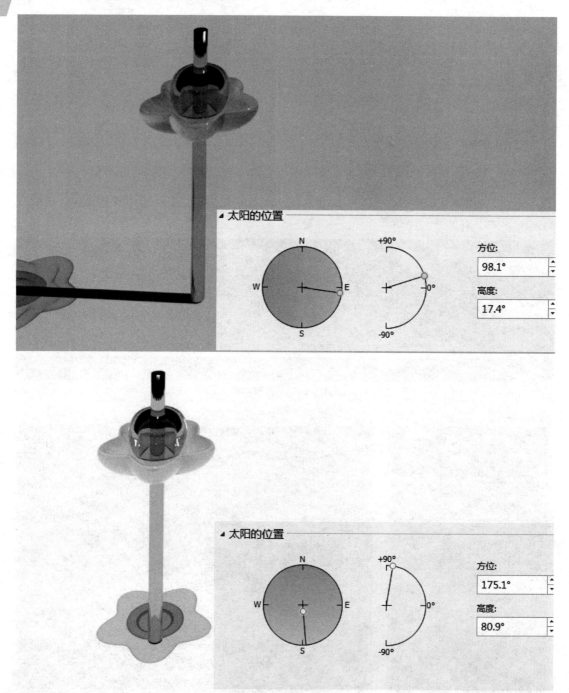

图 8-34　日光效果

8.2.4　设置摄影机

在渲染时，通常需要表现产品的某个特定角度的效果，这时调节视窗的摄影机，可以先将调整好的视窗角度保存，以便以后再次调用。V-Ray for SketchUp 是支持 SketchUp 的摄影机的，并且还有物理摄影机，可以用来模拟比较真实的拍摄效果（比如景深、运动模糊等）。

8.3   V-Ray 材质与贴图

在制作效果图的过程中，当模型创建完成之后，必须通过"材质"系统来模拟真实材料的视觉效果。因为在 SketchUp 中创建的三维对象本身不具备任何质感特征，只有给场景物体赋予合适的材质后，才能呈现出具有真实质感的视觉特征。

"材质"就是三维软件对真实物体的模拟，通过它再现真实物体的色彩、纹理、光滑度、反光度、透明度、粗糙度等物理属性。这些属性都可以在 V-Ray 中运用相应的参数来进行设定，在光线的作用下，人们便看到一种综合的视觉效果。

材质与贴图有什么区别呢？材质可以模拟出物体的所有属性。贴图是材质的一个层级，对物体的某种单一属性进行模拟，例如，物体的表面纹理。一般情况下，使用贴图通常是为了改善材质的外观和真实感。

照明环境对材质质感的呈现至关重要，相同的材质在不同的照明环境下会有不同的表现，如图 8-35 所示。左图光源为彩色，材质反射光源的颜色；中间的图为白光环境下材质的呈现；右图光源照明较暗，材质的色彩也相应地产生了变化。

图 8-35   不同照明下同一材质的效果比较

材质的色彩设置原则：

- 由于白色会反射更多的光线，会使材质较为明亮，所以在设置材质时不要使用纯白或纯黑的色彩。
- 对于彩色的材质，设置时不要使用纯度太高的颜色。

8.3.1   材质的应用

生活中的物体虽然形态各异，但却是有规律可循的。为了更好地认识和表现客观物体，根据物体的材质质感特征，可以大致将生活中的各种材质分为 5 大类。

（1）不反光也不透明的材质。

应用此类材质的物体包括未经加工的石头和木头、混凝土、各种建材砖、石灰粉刷的墙面、石膏板、橡胶、纸张、厚实的布料等。此类材料的表面一般都较粗糙，质地不紧密，不具有反光效果，也不透明。生活中见到的大多数东西，都是此类材质。此类材料应用的典型例子如图 8-36 和图 8-37 所示。

（2）反光但不透明的材质。

此类材料包括镜面、金属、抛光砖、大理石、陶瓷、不透明塑料、用油漆涂饰过的木材等，它们一般质地紧密，都有比较光洁的表面，反光较强。例如，多数金属材质，在加工以后具有很强的反光特点，表面光滑度高，高光特征明显，对光源色和周围环境极为敏感，如图 8-38 所示。

此类材质中也有反光比较弱的，如经过油漆涂饰的木地板，其表面具有一定的反光和高光，但其程度比镜面、金属物体弱，如图 8-39 所示。

图 8-36　厚实的布料椅子

图 8-37　石灰粉刷的墙壁和石材地面

图 8-38　反光强烈的金属材质

图 8-39　反光的木地板材质

（3）反光且透明的材质。

透明材质的透射率极高，如果表面光滑平整，人们便可以直接透过其本身看到后面的物体；而如果产品是曲面形态，那么由于折射现象在曲面转折的地方会扭曲后面物体的影像。因此若透明材质产品的形态过于复杂，光线在其中的折射过程也就会令人捉摸不定，透明材质既是一种富有表现力的材质，同时又是一种表现难度较高的材质。表现时仍然要从材质的本质属性入手，反射、折射和环境背景是表现透明材质的关键，将这 3 个要素有机地结合在一起就能表现出晶莹剔透的效果。

透明材质有一个极为重要的属性—菲涅耳原理（Frenel）。这个原理主要阐述了折射、反射和视线与透明体平面夹角之间的物体表现，物体表面法线与视线的夹角越大，物体表面出现反射的情况就越强烈。相信读者都有这样的经验，当站在一堵无色玻璃幕墙前时，直视墙体能够不费力地看清墙后面的事物，而当视线与墙体法线的夹角逐渐增大时，你会发现要看清墙后面的事物变得越来越不容易，反射现象越来越强烈了，周围环境的映像也清晰可辨，如图 8-40 所示。

透明材质在产品设计领域有着广泛的应用，由于它们具有既能反光又能透光的作用，所以经过透明件修饰的产品往往具有很强的生命力和冷静的美，人们也常常将它们与钻石、水晶等透明而珍贵的宝石联系起来，因此对于提升产品档次也起到了一定的作用，如图 8-41 所示。无论是电话按键、冰箱把手，还是玻璃器皿等，大多是透明材质。

（4）透明不反光的材质。

透明不反光的材质的物体包括窗纱、丝巾、蚊帐等。和玻璃、水不同的是，这类物体的质地较松散，当光线穿过它们时不会发生扭曲，即没有明显的折射现象，其形象特征，如图 8-42 所示。

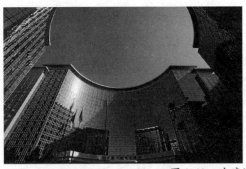

图 8-40　玻璃的菲涅耳效应

图 8-41　透明材质的应用效果

图 8-42　窗纱的形象特征

> 提示：
>
> 　　生活中的反光物体，其分子结构是紧密的，表面都很光滑；不反光的物体，其分子结构是松散的，表面一般都比较粗糙，例如金属和普通布料。

（5）透光但不透明的物体。

透光但不透明的物体包括蜡烛、玉石、多汁水果（如葡萄、西红柿）、黏稠浑浊的液体（如牛奶）、人的皮肤等，它们的质地构成不紧密，物体内部充斥着水分或者空气，所以，外界的光线能入射到物体的内部并散射到四周，但却没办法完全穿透。在光的作用下，这些物体呈现给人一种晶莹剔透的感觉。此类物体的形象特征如图 8-43、图 8-44 所示。

理解现实生活中这几大类物体的物理属性是模拟物体质感的基础。只有善于把它们归类才能抓住物体的质感特征，把握它们在光影下的变化规律，从而轻松实现各种质感效果。

图 8-43　反光强烈的金属材质

图 8-44　反光的木地板材质

8.3.2　V–Ray 材质的赋予

V-Ray 材质的赋予是通过【V-Ray 资源编辑器】对话框来实现的。打开【V-Ray 材质资源编辑器】对话框，在【材质】选项卡中的左边栏单击，可以展开材质库，如图 8-45 所示。

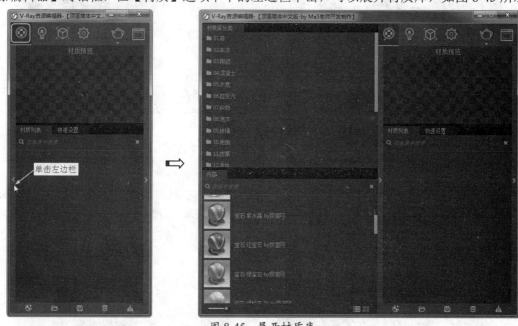

图 8-45　展开材质库

材质库中列出了 V-Ray 的所有材质。先在材质库中选择某种材质库类型，在下方的【内容】列表中列出该类型材质库中所包含的全部材质。下面介绍两种赋予材质的操作。

1. 方法一：加入到场景

在【内容】材质库列表中选择一种材质，单击鼠标右键，弹出快捷菜单，在快捷菜单中选择【加入到场景】命令，可以将该材质添加到【材质】选项卡的【材质列表】选项卡中，如图 8-46 所示。【材质列表】选项卡中的材质，就是场景中使用的材质。用户可以随时将场景中的材质赋予任意对象。

现在材质已经在场景中了，那么怎样将其赋予对象呢？在【材质列表】选项卡中的材质上单击鼠标右键，弹出右键快捷菜单，如图 8-47 所示。下面介绍快捷菜单中各个命令的含义。

● 选取场景中使用此材质的模型：选择此命令，可将视窗中已经赋予该材质的所有对象选中，如图 8-48 所示。

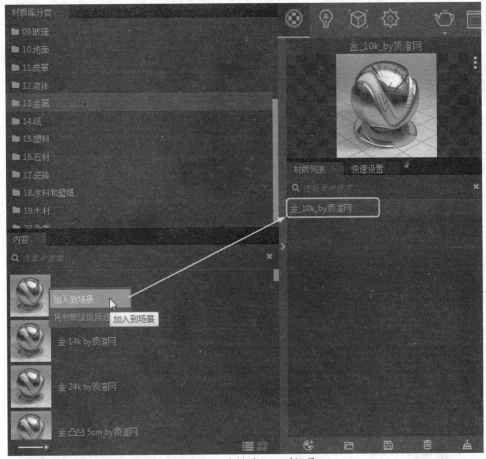

图 8-46　将材质加入到场景

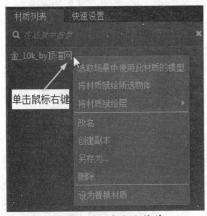

图 8-47　右键快捷菜单

图 8-48　选取场景中使用此材质的模型

- 将材质赋给所选物体：在视窗中先选取要赋予材质的对象，再选择此命令，即可完成材质赋予操作。
- 将材质赋给层：在知晓对象所在的图层后，选择此命令，可立即将材质赋予图层中的对象，如图 8-49 所示。
- 改名：重新设置材质的名称。
- 创建副本：可以创建一个副本材质，从副本材质中做少许修改，即可得到新的材质。

图 8-49　将材质赋给层中的对象

● 另存为：修改材质后，可以将材质保存在 V-Ray 材质库中（作用等同于底部的【将材质保存为文件】按钮）。以后调取此材质时，可在底部单击【导入 V-Ray 材质】按钮 📁。

● 删除：从场景中删除此材质，同时也从对象上删除材质（作用等同于底部的【删除材质】按钮 🗑）。

2. 方法二：将材质赋予所选物体

这种方法比较快速，先在视窗中选中要赋予材质的对象，然后在【内容】材质库中的某种材质上单击鼠标右键，并在弹出的快捷菜单中选择【将材质赋给所选物体】命令即可，如图 8-50 所示。

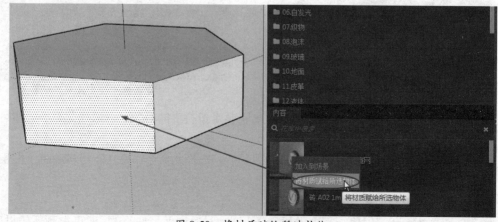

图 8-50　将材质赋给所选物体

8.3.3　材质编辑器

V-Ray 渲染器提供了一种特殊材质——V-Ray 材质，它允许在场景中更好地物理校正照明（能量分布），更快地渲染，更方便地设置反射和折射参数。在【材质】选项卡的右侧边栏单击，可展开材质编辑器面板，如图 8-51 所示。

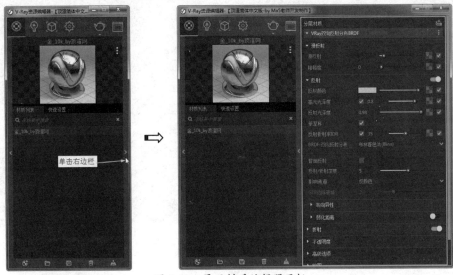

图 8-51　展开材质编辑器面板

材质编辑器面板中包含 3 个重要的控制选项：V-Ray 双向反射分布 BRDF、材质选项和纹理贴图。

8.3.4　【V-Ray 双向反射分布 BRDF】设置

在 V-Ray 材质中，可以应用不同的纹理贴图、控制反射和折射、添加凹凸贴图和位移贴图、强制直接 GI 计算，以及为材质选择 BRDF。接下来简要介绍卷展栏中各选项的含义。

1.【漫反射】卷展栏

新建的材质默认只有一个漫反射层，其参数调节在【漫反射】卷展栏中进行，如图 8-52 所示。漫反射层主要用于表现材质的固有颜色，单击其右侧的■按钮，在弹出的位图图库中可以为材质增加纹理贴图，如图 8-53 所示。可以为材质增加多个漫反射层，以表现更为丰富的漫反射颜色。添加位图后单击底部的【返回】按钮，返回到材质编辑器中。

图 8-52　【漫反射】卷展栏

- 颜色图例■■■：设置材质的漫反射颜色，也可以使用后面的贴图■控制。
- 颜色微调按钮■—●：拖动微调按钮可以漫反射的强度。
- 贴图按钮■：单击该按钮，可以为材质增加纹理贴图，并覆盖材质的颜色设置。
- 粗糙度：用于模拟覆盖有灰尘的粗糙表面（例如，皮肤或月球表面）。在如图 8-54 所示的例子中，演示了粗糙度参数变化的效果。随着粗糙度的增加，材料显得更加粗糙。

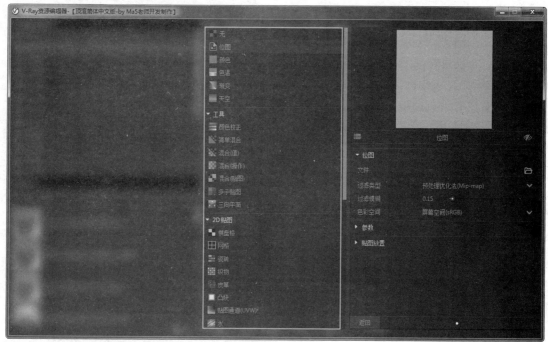

图 8-53　位图图库

粗糙度 = 0 粗糙度 = 0.3 粗糙度 = 0.6

图 8-54　【粗糙度】参数的变换及渲染效果对比

2.【反射】卷展栏

反射是表现材质质感的一个重要元素。自然界中的大多数物体都具有反射属性，只是有些反射非常清晰，可以清楚地看出周围的环境；有些反射非常模糊，周围环境变得非常发散，不能清晰地反映周围环境。

【反射】卷展栏如图 8-55 所示。

- 反射颜色：通过右侧的颜色微调按钮来控制反射的强度，黑色为不反射，白色为完全反射。如图 8-56 所示为不同反射颜色的示例。
- 高光光泽度：为材质的镜面突出显示启用单独的光泽度控制。启用此选项并将值设置为 1.0 将禁用镜面高光。
- 反射光泽度：指定反射的清晰度。使用下面的细分值参数来控制光泽反射的质量。1.0 意味着完美的镜像反射，较低的值会产生模糊或光泽的反射，如图 8-57 所示。
- 菲涅耳：菲涅耳效应是自然界中物体反射周围环境的一种现象，即物体法线朝向人眼或摄像机的部位反射效果轻微，物体法线偏离人眼或摄像机的部位反射效果清晰。选中【菲涅耳】复选框后，可以更真实地表现材质的反射效果。如图 8-58 所示。

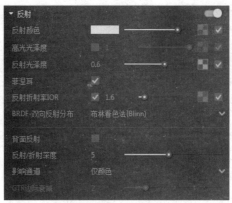

图 8-55　【反射】卷展栏

反射颜色 = 黑色

反射颜色 = 中等灰度

反射颜色 = 白色

图 8-56　反射颜色

反射/突出光泽度 = 1.0

反射/突出光泽度 = 0.8

反射/突出光泽度 = 0.6

图 8-57　反射光泽度

【菲涅耳】开启；IOR = 1.3

【菲涅耳】开启；IOR = 2.0

【菲涅耳】开启；IOR =10

【菲涅耳】关闭

图 8-58　选中【菲涅耳】复选框后的渲染效果

- 反射折射率 IOR：这是一个非常重要的参数，数值越高，反射的强度也就越强，如金属、玻璃、光滑塑料等材质的【反射折射率 IOR】强度可以设置为 5 左右，一般塑料或木头、皮革等反射不明显的材质则可以设置为 1.55 以下。不同【反射折射率 IOR】数值的反射效果如图 8-59 所示。

- BRDF-双向反射分布：用于确定 BRDF 的类型，建议对金属和其他高反射材料使用 GGX 类型。如图 8-60 所示，展示了 V-Ray 中可用的 BRDF 之间的差异。注意，不同的 BRDF 会产生不同的亮点。

- 背面反射：禁用时，仅针对物体的正面计算反射。当启用【背面反射】时背面也将被计算。

- 反射/折射深度：指定光线可以被反射的次数。具有大量反射和折射表面的场景可能需要更高的值才能看起来正确。

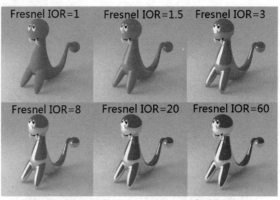

图 8-59　不同【反射折射率 IOR】值的效果

BRDF 类型 = Phong　　　　BRDF 类型 = Blinn　　　　BRDF 类型 = Ward　　　　BRDF 类型 = GGX

图 8-60　BRDF-双向反射分布

- 影响通道：指定哪些通道会受材料反射率的影响。
- GTR 边际衰减：仅当将 BRDF 设置为 GGX 时才有效。它可以通过控制尖锐镜面高光消退的速率来微调镜面反射。

3. 【折射】卷展栏

在表现透明材质时，通常会为材质添加折射效果，该参数用于设置透明材质。

【折射】卷展栏如图 8-61 所示。【折射】卷展栏中部分选项的含义与【反射】卷展栏中的相同，下面仅介绍不同的选项。

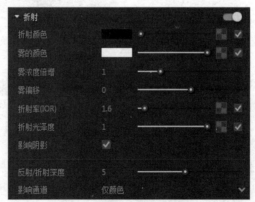

图 8-61　【折射】卷展栏

- 雾的颜色：用于设置透明材质的颜色，如有色玻璃。
- 雾浓度倍增：控制透明材质颜色的浓度，值越大颜色越深。将雾色设置为（R:122,G:239,B:106），不同的雾色倍增值效果如图 8-62 所示。

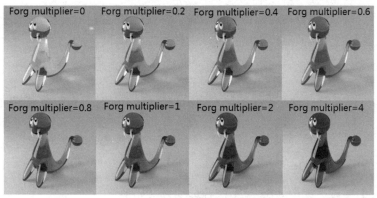

图 8-62　不同的雾色倍增值效果

- 雾偏移：改变雾颜色的应用方式。负值使物体薄的部分更透明，厚的部分更不透明，反之，亦然（正数使较薄的部分更不透明，使较厚的部分更透明）。
- 影响阴影：选中此复选框后，投影颜色会受到雾色的影响，使投影更有层次感。
- 影响通道：选中此复选框后，Alpha 通道会受到雾色的影响。

4. 【色散】卷展栏

【色散】卷展栏如图 8-63 所示。

- 色散：启用时，将计算真实的光波长色散。
- 色散强度：用于增加或减少色散效应。降低该值则增加色散，反之，则减少该值。

5. 【半透明】卷展栏

【半透明】卷展栏如图 8-64 所示。

图 8-63　【色散】卷展栏　　　　　　　　　　图 8-64　【半透明】卷展栏

　　半透明材质效果是一种比较特殊的半透明效果，蜡、皮肤、牛奶、果汁、玉石等都属于此类。这种材质会在光线传播过程中吸收其中的一部分，光线进入的距离不一样，光线被吸收的程度也不一样。

　　【半透明】卷展栏中各选项的含义如下。

- 类型：选择用于计算半透明度的算法。必须启用【折射】才能看到此效果。包括【硬（蜡）模型】和【混合】两种。【硬（蜡）模型】特别适用于硬质材料，如大理石。【混合】是最现实的 SSS 模型，适用于模拟皮肤、牛奶、果汁和其他半透明材料。
- 背面颜色：用于控制材质的半透明效果，不要使用白色全透明，这会让光线因被吸收得过多而变黑，也不要使用黑色完全不透明，这样会没有透光效果。读者可以尝试使用黑白色之间的灰色。

- 散射系数：设置物体内部散射的数量。0 意味着光线在任何方向都进行散射；1 代表光线在次表面散射过程中不能改变散射方向。
- 厚度：用于限定光线在物体表面下跟踪的深度。参数值越大，光线在物体内部消耗得越快。
- 前/后方向系数：设置光线散射方向。当数值为 0 时，光线散射朝向物体内部；当数值为 1 时，光线散射朝向物体外部；当数值为 0.5 时，朝物体内部和外部散射数量相等。

6. 【不透明度】卷展栏

【不透明度】卷展栏如图 8-65 所示，各选项含义如下。

- 不透明度：指定材质的不透明度或透明度。纹理贴图可以分配给这个通道。
- 方式：控制不透明度的工作方式。
- 自定义源：启用该选项后，V-Ray 使用 Alpha 通道来控制材质的不透明度。

7. 【高级选项】卷展栏

【高级选项】卷展栏如图 8-66 所示，各选项含义如下。

图 8-65　【不透明度】卷展栏　　　　　　　图 8-66　【高级选项】卷展栏

- 双面：启用该选项，V-Ray 将使用此材质翻转背面的法线。否则，将始终计算材料外侧的照明。这可以用来为纸张等薄物体实现假半透明效果。
- 光泽使用菲涅耳：启用该选项，可渲染出一种类似瓷砖表面有釉的效果或者木头表面清漆的效果。当光到达材质表面时，一部分光被反射，一部分光发生折射，即视线垂直于表面时，反射较弱，而当视线非垂直表面时，夹角越小，反射越明显。
- 使用发光贴图：启用该选项，发光贴图将用于近似物料的漫反射间接照明；禁用该选项，强力 GI 将被启用。
- 雾单位缩放：启用该选项，雾色衰减取决于当前的系统单位。
- 线性工作流：启用该选项，V-Ray 将调整采样和曝光以使用 Gamma 1.0 曲线。该选项默认是禁用的。
- 中断阈值：低于此阈值的反射/折射不会被跟踪。V-Ray 试图估计反射/折射对图像的贡献，如果它低于此阈值，则不计算这些效果。不要将该参数值设置为 0.0，因为在某些情况下，渲染时间可能会过长。
- 能量保存：确定漫反射和折射颜色如何相互影响。

8. 【贴图】卷展栏

【贴图】卷展栏如图 8-67 所示，各选项含义如下。

- 方式：指定倍增器如何混合纹理和颜色。

- 漫反射：主要用于表现贴图的固有颜色。

- 反射颜色：反射是表现材质质感的一个重要元素，此选项主要设置贴图的反射光颜色。

- 反射光泽度：设置贴图反射光的光线强度，取值范围为 0~1。当值为 1 时，表示贴图不会显示光泽，当值小于 1 时贴图才有光泽度。

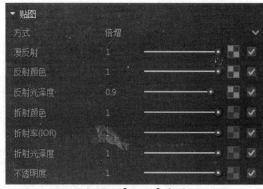

图 8-67　【贴图】卷展栏

- 折射颜色：设置贴图折射光的颜色。

- 折射率（IOR）：设置贴图的折射率，折射率越小，反射强度也会越微弱。

- 折射光泽度：设置贴图折射光的光泽度。

- 不透明度：设置贴图的不透明度。

8.3.5　【材质选项】设置

【材质选项】用于设置光线跟踪、材质双面属性等，如图 8-68 所示。如果没有特殊要求，建议用户使用默认设置。

【材质选项】卷展栏各选项含义如下。

- 材质可被覆盖：启用该选项，当在全局开关中启用【覆盖颜色】选项时，材质将被覆盖。

图 8-68　【材质选项】卷展栏

- Alpha 贡献：确定渲染图像的 Alpha 通道中对象的外观。

- 材质 ID 颜色：允许用户指定一种颜色来表示材质 ID VFB 渲染元素中的材质。

- 投射阴影：禁用该选项，应用此材质的所有对象都不会投射阴影。

- 仅反射/折射可见：启用该选项，应用此材质的对象只会出现在反射和折射中，并且不会直接显示在相机上。

8.3.6　【纹理贴图】设置

【纹理贴图】用于为各个通道添加贴图，包含 3 个选项卷展栏，如图 8-69 所示。

1.【凹凸/法线贴图】卷展栏

凹凸/法线贴图：模拟粗糙的表面，将带有深度变化的凹凸材质贴图赋予物体，经过光线渲染处理后，物体的表面就会呈现出凹凸不平的感觉，而无须改变物体的几何结构或增加额外的点面。

- 贴图类型：用于指定贴图类型。包括凹凸贴图、本地空间凹凸贴图和法线贴图 3 种。

- 数量：用于设置凹凸贴图的效果倍增量。

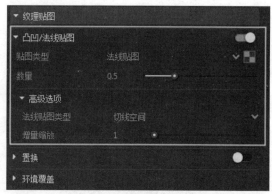

【凹凸/法线贴图】卷展栏

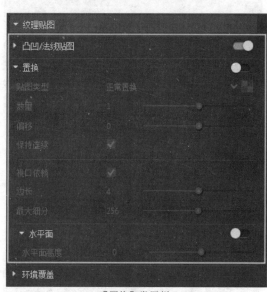

【置换】卷展栏

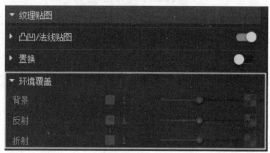

【环境覆盖】卷展栏

图 8-69 【纹理贴图】设置

高级选项：仅当贴图类型为【法线贴图】时，才可设置高级选项。

- 法线贴图类型：指定法线贴图类型。有 4 种类型可选。
- 增量缩放：减小参数的值来锐化凹凸，增加凹凸的模糊效果。

2. 【置换】卷展栏

置换：用于控制贴图置换效果。

- 贴图类型：用于指定将被渲染的置换模式。
- 数量：用于设置置换的数量。
- 偏移：将纹理贴图沿着物件表面的法线方向向上或向下移动。
- 保持连续：如果启用该选项，当存在来自不同平滑组和/或材质 ID 的面时，尝试生成连接的曲面，而不分割。注意，使用材质 ID 不是组合位移贴图的好方法，因为 V-Ray 无法始终保证表面的连续性，要使用其他方法（顶点颜色、蒙版等）来混合不同的位移贴图。
- 视口依赖：启用该选项，边长确定子像素边缘的最大长度（以像素为单位）。当值为 1.0 时，表示投影到屏幕上，每个子三角形的最长边长约为一个像素。禁用该选项，边长是世界单位中的最大子三角形边长。
- 边长：用于确定位移的质量。原始网格的每个三角形都细分为若干子三角形，更多的三角形意味着位移的更多细节、更慢的渲染时间和更多的内存。更少的三角形意味着更少的细节、更快的渲染和更少的内存。边长的含义取决于视图相关参数。
- 最大细分：用于设置对原始网格物体的最大细分数量，计算时采用的是该参数的平方值，数值越大效果越好，但速度也越慢。

水平面：仅当启用了贴图置换操作后，此选项才被激活，表示纹理贴图的一个偏移面，在该平面下的贴图将被剪切。

3.【环境覆盖】卷展栏

- 背景：用贴图覆盖当前材质所处的背景。
- 反射：覆盖该材质的反射环境。
- 折射：覆盖该材质的折射环境。

8.4　V-Ray 渲染器设置

V-Ray 渲染参数是比较复杂的，但是大部分参数只需要保持默认设置就可以达到理想的效果，真正需要动手设置的参数并不多。

在【V-Ray 资源编辑器】对话框的【设置】选项卡中，单击右边栏后可展开其他重要的渲染设置卷展栏，如图 8-70 所示。

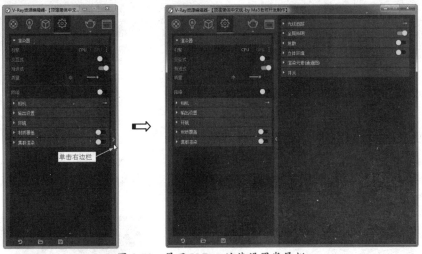

图 8-70　展开 V-Ray 渲染设置卷展栏

接下来介绍渲染时需要进行设置的这部分渲染卷展栏。其中，【环境】卷展栏已经在前面介绍过了。

8.4.1　【渲染器】卷展栏

【渲染器】卷展栏提供了对常见渲染功能的便捷访问，例如，选择渲染设备或打开和关闭 V-Ray 交互式和渐进式模式，如图 8-71 所示。卷展栏中各选项含义如下。

- 引擎：在 CPU 和 GPU 渲染引擎之间切换。启用 GPU 可以解锁右侧的菜单，用户可以在其中选择要选择光线追踪计算的 CUDA 设备或将它们组合为混合渲染。计算机 CPU 在 CUDA 设备列表中也被列为 "C ++ / CPU"。
- 交互式：使交互式渲染引擎能够在场景中编辑对象、灯光和材质的同时查看渲染器图像的更新。交互式渲染仅在渐进模式下工作。
- 渐进式：在迭代中渲染整个图像。用户可以非常快速地看到图像，然后在计算时尽可能长时间地优化图像。

- 质量：滑过不同的预设值，以自动调整光线跟踪全局照明设置。
- 降噪：开启降噪功能。详细的降噪设置在【渲染元素（通道图）】卷展栏中，如图 8-72 所示。

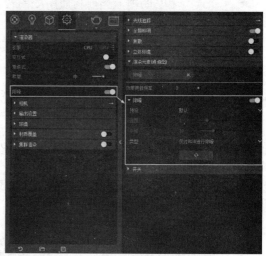

图 8-71　【渲染器】卷展栏　　　　　　　图 8-72　降噪设置

8.4.2　【相机】卷展栏

【相机】卷展栏控制场景几何体投影到图像上的方式。V-Ray 中的摄像机通常定义投射到场景中的光线，也就是将场景投射到屏幕上。

【相机】卷展栏的【标准】设置如图 8-73 所示。默认情况下，设置的相机仅显示调整相机所需的基本设置，以帮助用户创建基本的渲染，也可以使用相机设置区域右上角的开关按钮将其更改为【高级】设置，如图 8-74 所示。

图 8-73　【相机】卷展栏的标准设置　　　　图 8-74　【相机】卷展栏的高级设置

- 【类型】：包括【标准】、【球形全景虚拟现实】与【立方体贴图虚拟现实】。其中，【标准】适用于自然场景的局部区域。【球形全景虚拟现实】是 720°全景图像，是虚拟现实图像的一种。【立方体贴图虚拟现实】是基于室内 6 个墙面（四周墙面与顶棚、地板）的全景图像。

- 立体：用于启用或禁用"立体"渲染模式。基于输出布局选项，立体图像呈现为"并排"或"一个在另一个之上"。不需要重新调整图像分辨率，因为它会自动调整。

1. 【曝光】卷展栏（标准设置）

【曝光】卷展栏用于启用物理相机。启用时，曝光值、光圈 F 值、快门速度和 ISO 设置会影响图像的整体亮度。

- 曝光度（EV）：用于控制相机对场景照明级别的灵敏度。
- 白平衡：场景中具有指定颜色的对象在图像中显示为白色。注意，只有色调被考虑在内，而颜色的亮度被忽略。有多种可以使用的预设，最值得注意的是外部场景预设的日光。如图 8-75 所示为白平衡的示例，【光圈（F 值）】为 8.0，【快门速度】为 200.0，胶片感光度 ISO 为 200.0，在【特效】卷展栏中设置【虚影】值为 1（开启【渐晕】效果）。

白平衡是白色（255,255,255）　　白平衡是蓝色的（145,65,255）　　白平衡是桃（20,55,245）

图 8-75　白平衡应用示例

> **技术要点：**
>
> 使用白平衡可以进一步修改图像输出。场景中具有指定颜色的对象在图像中将显示为白色。例如，对于日光场景，该值可以是桃色，以补偿太阳光的颜色等。

2. 【曝光】卷展栏（高级设置）

- 胶片感光度（ISO）：该参数决定了胶片的功率（即感光度）。较小的值会使图像变暗，而较大的值会使图像变亮。如图 8-76 所示是胶片感光度的应用示例。开启【曝光】设置，【快门速度】为 60.0，【光圈（F 值）】为 8.0，打开【虚影】，【白平衡】为白色。

ISO 是400　　　　　　ISO 是800　　　　　　ISO 是1600

图 8-76　胶片感光度应用示例

> **技术要点：**
>
> 该参数决定了胶片的灵敏度以及图像的亮度。如果胶片感光度（ISO）较高（胶片对光线较为敏感），则图像较亮。较低的 ISO 值意味着该胶片不太敏感，并且会产生较暗的图像。

- 光圈（F 值）：该参数决定了相机光圈的大小。如图 8-77 所示为光圈应用示例。【快门速度】为 60.0，ISO 为 200，打开【虚影】，将【白平衡】设置为白色。示例中的所有图像均使用 V-RaySunSky 默认参数进行渲染。

| F 值是 8.0 | F 值是 6.0 | F 值是 4.0 |

图 8-77　光圈 F 值应用示例

技术要点：

【光圈（F 值）】控制虚拟相机的光圈大小。降低 F 值会增加光圈尺寸，并使图像更明亮，因为更多光线进入了相机。反之，提高 F 值会使图像变暗，因为光圈已关闭。

- 快门速度（s）：照相机的快门速度，以秒为单位。例如，1/30 秒的快门速度对应该参数的值是 30。如图 8-78 所示为快门速度示例，开启【曝光】，设置【光圈（F 值）】为 8.0，【胶片感光度 ISO】为 200，开启【虚影】，设置【白平衡】为白色。

| 快门速度为 125.0 | 快门速度为 60.0 | 快门速度为 30.0 |

图 8-78　快门速度应用示例

技术要点：

此参数用于确定虚拟相机的曝光时间。这个时间越长（快门速度值越小），图像就越亮。相反，如果曝光时间较短（快门速度值大），图像会变暗。此参数还会影响运动模糊效果。

3.【景深】卷展栏（标准设置）

【景深】卷展栏用于定义相机光圈的形状。当禁用此选项时，会模拟一个完美的圆形光圈。当启用此选项时，用指定数量的叶片模拟多边形光圈。

- 散焦：相机散焦成像，与聚焦相反。
- 聚焦方式：用于设置相机聚焦的方式。包括【固定距离】、【相机目标】和【固定焦点】3 种。
- 固定距离：用于设置相机固定对焦距离值。使用右侧的按钮在 3D 空间中选择一个点来设置相机焦距。计算并渲染摄像机与 3D 空间中点之间的距离，然后将结果用作对焦距离。这种计算不是自动的，每次相机移动时都必须重复相同的操作。

- 相机目标：在渲染开始之前自动计算焦距，并等于摄像机位置和目标之间的距离。
- 固定焦点：在渲染开始之前自动计算焦点距离，并等于相机位置与所选 3D 点之间的距离。使用右侧的按钮选择场景中的点。
- 对焦距离：对焦距离影响景深，并确定场景的哪一部分将对焦。
- 【拾取焦点】按钮✛：通过在摄像机应该对焦的视口中拾取焦点，确定三维空间中的位置。

4.【焦外成像】卷展栏（高级设置）

启用此卷展栏可以模拟真实世界相机光圈的多边形形状。当关闭这个选项时，形状被认为是正圆形。

- 相机光圈叶片数量：设置光圈多边形的边数。
- 中心偏移：定义散景的偏差形状。值为 0.0 意味着光线均匀地通过光圈。正值使光线集中在光圈的边缘，负值则将光线集中在光圈的中心。
- 旋转：定义叶片的方向。
- 各向异性：允许横向或纵向延伸散景效果。正值在垂直方向上延伸，负值将其沿水平方向拉伸。

5.【特效】卷展栏

- 虚影：也称为"渐晕"，该参数控制真实世界相机光学渐晕效果的模拟。用于指定渐晕效果的数量，其中 0.0 为无渐晕，1.0 为正常渐晕。如图 8-79 所示为渐晕效果应用示例。

晕影是 0.0（渐晕被禁用）　　　　　　　　　　　　　　　　　　晕影是 1.0

图 8-79　渐晕效果应用示例

- 纵向倾斜调整：使用此参数可以实现两点透视效果。

8.4.3　【光线追踪】卷展栏

在 V-Ray 中，图像采样器是指根据其内部和周围的颜色计算像素颜色的算法。

渲染中的每个像素只能有一种颜色。为了获得像素的颜色，V-Ray 根据物体的材质、直接照射物体的光线，以及场景中的间接照明来计算它。但是在一个像素内，可能会有多种颜色，这些颜色可能来自边缘相交于同一像素的多个对象，或者由于对象形状或衰减和/或光源阴影的改变，导致同一对象亮度的差异。

为了确定这种像素的正确颜色，V-Ray 会查看（或采样）像素本身不同部分的颜色，以及其周围的像素，这个过程被称为图像采样。

【光线追踪】卷展栏中有标准设置和高级设置两个部分，如图 8-80 所示。

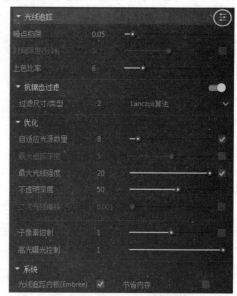

【光线追踪】卷展栏的标准设置　　　　　　　　　　　【光线追踪】卷展栏的高级设置

图 8-80　【光线追踪】卷展栏

当【渲染器】卷展栏中的【交互式】选项及【渐进式】选项被关闭时，【光线追踪】卷展栏也分为标准设置和高级设置两个部分，如图 8-81 所示。

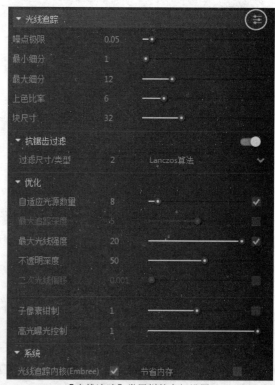

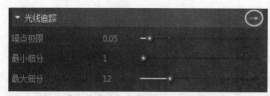

【光线追踪】卷展栏的标准设置　　　　　　　　　　　【光线追踪】卷展栏的高级设置

图 8-81　关闭【交互式】与【渐进式】选项后的【光线追踪】卷展栏

下面介绍所有标准设置与高级设置中各子卷展栏中的选项及参数的含义。

- 噪点极限：指定渲染图像中可接受的噪点级别。数字越小，图像的质量越高（噪点越少）。
- 时间限度（分钟）：指定以分钟为单位的最大渲染时间。当达到指定数量时，渲染停止。这只是最终像素的渲染时间。
- 最小细分：确定每个像素采样的初始（最小）数量。这个值很少需要高于 1，除非细线或快速移动的物体与运动模糊相结合。实际采用的样本数量是该数字的平方。例如，"最小细分"值为 4，则每个像素会产生 16 个采样。
- 最大细分：确定一个像素的最大采样数量。实际采用的样本数量是该数字的平方。例如，"最大细分"值为 4，则每个像素会产生 16 个采样。注意，如果相邻像素的亮度差异足够小，则 V-Ray 可能会少于最大样本数。
- 上色比率：控制将使用多少光线计算阴影效果（例如，光泽反射、GI、区域阴影等），而不是抗锯齿。数值越高，意味着花在消除锯齿上的时间越少，并且在对阴影效果进行采样时会付出更多努力。
- 块尺寸：确定以像素为单位的最大区域宽度（选择区域 W / H）或水平方向上的区域数（选择区域计数时）。

1. 【抗锯齿过滤】卷展栏

- 过滤尺寸/类型：控制抗混叠滤波器的强度和要使用的抗混叠滤波器的类型。

2. 【GPU 贴图】卷展栏

当在【渲染器】卷展栏中设置渲染引擎为【GPU】后，才会显示【GPU 贴图】卷展栏，如图 8-82 所示。

图 8-82　【GPU 贴图】卷展栏

- 调整尺寸：启用此选项可将高分辨率纹理调整为较小分辨率，以便优化 GPU 内存使用率。
- 贴图尺寸：设置纹理贴图的尺寸。
- 像素深度：指定纹理将调整到的分辨率和位深度。

3. 【优化】卷展栏

- 自适应光源数量：启用时，由 V-Ray 评估场景中的灯光数量。为了从光源采样中获得正面效果，该值必须低于场景中的实际灯光数量。该值越低，渲染速度越快，但结果可能会更粗糙；较高的值会导致在每个节点计算更多的灯光，从而产生较少的噪点，但会增加渲染时间。
- 最大追踪深度：指定将为反射和折射计算的最大反弹次数。
- 最大光线强度：指定所有辅助射线被夹紧的等级。
- 不透明深度：控制透明物体追踪深度的程度。
- 二次光线偏移：设置应用于所有次要光线的最小偏移。如果场景中有重叠的面，可以使用此功能避免可能出现的黑色斑点。
- 子像素钳制：指定颜色分量将被钳位的电平。
- 高光曝光控制：选择性地将曝光校正应用于图像中的高光。

4.【系统】卷展栏

- 光线追踪内核（Embree）：启用英特尔的光线追踪内核。
- 节省内存：Embree 将使用更加紧凑的方法来存储三角形，这可能会稍慢，但会减少内存使用量。

8.4.4 【全局照明】卷展栏

全局照明是指在来自光线周围和物体周围（或环境本身）的场景/环境中进行照明。全局照明（或间接照明 GI）通过计算机图形来计算这种效应。

当在【渲染器】卷展栏中开启【交互式】后，【全局照明】将使用间接照明 GI，或者说，开启了【交互式】也就开启了间接照明 GI。此时的【全局照明】卷展栏如图 8-83 所示。

关闭了【交互式】后，【全局照明】卷展栏如图 8-84 所示。

图 8-83　开启【交互式】的【全局照明】卷展栏

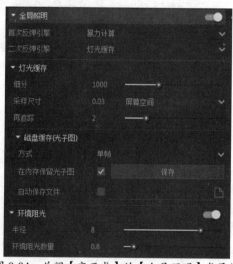

图 8-84　关闭【交互式】的【全局照明】卷展栏

1.【首次反弹引擎】选项

指定用于主要反弹的 GI 方法。包含 3 种首次反弹引擎。

（1）【发光贴图】引擎。

使 V-Ray 对初始漫反射使用发光贴图。通过在三维空间中创建具有点集合的贴图，以及在这些点上计算的间接照明来工作。【发光贴图】的详细设置如图 8-85 所示。

- 最小比率：确定第一个 GI 通道的分辨率。值为 0 意味着分辨率将与最终渲染图像的分辨率相同，这将使发光贴图与直接计算方法类似；值为-1 意味着分辨率将是最终图像的一半。
- 最大比率：确定最后一个 GI 通道的分辨率。这与自适应细分图像采样器的最大速率参数（尽管不相同）类似。
- 细分：控制各个 GI 样本的质量。较小的值使渲染进度变得更快，但可能会产生斑点。该值越高，图像越平滑。
- 插值：指定在给定点插值间接照明的 GI 样本数。尽管结果会更加平滑，但较大的值往往会模糊 GI 中的细节。

- 颜色阈值：控制辐照度图算法对间接光照变化的敏感程度。该数值越大，意味着灵敏度越低；该值越小，发光贴图对光变化越敏感（从而产生更高质量的图像）。
- 法线阈值：控制发光贴图对表面法线和表面细节的变化敏感度。该数值越大，意味着灵敏度越低；该值越小，辐照度图对曲面曲率和细节越敏感。
- 距离阈值：用于设置在计算发光贴图时，对物体表面距离改变的敏感度。

（2）【暴力计算】引擎。

用于计算全局照明的暴力方法分别独立于其他点重新计算每个单独着色点的 GI 值。这种方法非常准确，尤其是在场景中有很多细节的情况下。当在【渲染器】卷展栏中开启【交互式】后，可以设置暴力计算，如图 8-86 所示。

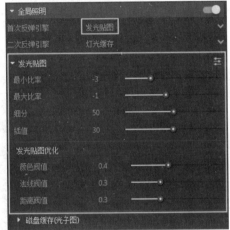

图 8-85　【发光贴图】引擎的设置选项

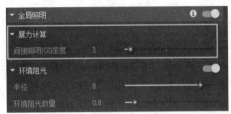

图 8-86　【暴力计算】设置选项

- 间接照明（GI）深度：指定将要计算的光线反弹次数。GI 深度也将用于计算交互式渲染 GI 深度。

（3）【灯光缓存】引擎。

【灯光缓存】引擎主要为漫反射指定光缓存。关于【灯光缓存】设置在后面【灯光缓存】卷展栏中详细介绍。

2. 【二次反弹引擎】选项

【二次反弹引擎】选项指定用于二次反射的 GI 方法。包括【无】、【暴力计算】和【灯光缓存】等 3 种引擎。如图 8-87 所示为首次反弹引擎与二次反弹引擎搭配使用的渲染效果对比。

仅限直接照明：GI已关闭

1次反弹：辐照度图，无次级GI引擎

2次反弹：辐射图+暴力GI与1次二次反弹

图 8-87　首次反弹引擎与二次反弹引擎搭配

4次反弹：辐射图+蛮力GI+3次要反弹　　8次反弹：辐射图+蛮力GI，7次二次反弹　　无限次弹跳（完全漫射照明解决方案）：辐照度图+灯光缓存

图 8-87　首次反弹引擎与二次反弹引擎搭配（续）

3.【灯光缓存】卷展栏

灯光缓存用于近似场景中的全局照明。

- 细分：确定摄像机追踪的路径数。路径的实际数量是细分的平方（默认 1000 个细分意味着将从摄像机追踪 1000000 条路径）。如图 8-88 所示为【细分】的应用示例。

细分 = 500　　　　　　细分 = 1000　　　　　　细分 = 2000

图 8-88　【细分】的应用示例

- 采样尺寸：确定灯光缓存中样本的间距。较小的数值意味着样本将彼此更接近，灯光缓存将保留光照中的尖锐细节，但会更嘈杂，并会占用更多内存。
- 再追踪：此选项可在灯光缓存产生太大错误的情况下提高全局照明的精度。对于有光泽的反射和折射，V-Ray 根据表面光泽度和距离来动态地决定是否使用光缓存，以使由光缓存引起的误差最小化。注意，此选项可能会增加渲染时间。

4.【磁盘缓存（光子图）】卷展栏

- 方式：控制光子图的模式。包括【单帧】和【使用文件】。
  - 单帧：启用此选项，将生成新的光子地图。它将覆盖之前渲染遗留的任何先前的光子贴图。
  - 使用文件：启用此选项，V-Ray 不会计算光子贴图，但会从文件加载。单击右侧的【浏览】按钮可以指定文件名称。
- 在内存保留光子图：启用此选项，在场景渲染完成后，V-Ray 将光子贴图保存在内存中。禁用此选项，地图将被删除并释放所占用的内存。如果只想为特定场景计算一次光子贴图，然后将其重新用于进一步渲染，则启用此选项特别有用。

- 自动保存文件：启用此选项，V-Ray 会在渲染完成时自动将焦散光子贴图保存到提供的文件中，指定渲染后焦散光子贴图将被保存的文件位置。

5.【环境阻光】卷展栏

【环境阻光】卷展栏控制允许将环境遮挡项添加到全局照明解决方案中。

- 半径：确定产生环境遮挡效果的区域的数量（以场景单位表示）。
- 环境阻光数量：指定环境遮挡量。值为 0.0，则不会产生环境遮挡。

8.4.5　【焦散】卷展栏

为了计算焦散效应，V-Ray 使用了一种被称为光子映射的技术。这是一种双程技术。第一遍由场景中光源拍摄的粒子（光子）组成，追踪它们在场景中的弹跳，并记录光子撞击物体表面的位置。第二遍是最终渲染，焦散通过使用密度估计技术计算第一遍中存储的光子命中率。

【焦散】卷展栏如图 8-89 所示，其中【磁盘缓存（光子图）】卷展栏在【全局照明】卷展栏中已经详细介绍过。

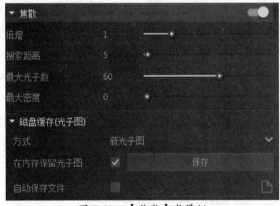

图 8-89　【焦散】卷展栏

- 倍增：控制焦散的强度。此参数是全局性的，适用于产生焦散的所有光源。如果需要不同光源的不同倍频器，请使用本地光源设置。
- 搜索距离：当 V-Ray 需要渲染给定表面点的焦散效果时，它会搜索阴影点（搜索区域）周围区域表面上的光子数。搜索区域是一个原始光子在中心的圆，其半径等于搜索距离值。较小的值会产生更锐利但可能更嘈杂的焦散；较大的值会产生更平滑但模糊的焦散。
- 最大光子数：指定在表面上渲染焦散效果时将要考虑的最大光子数。较小的值会使用较少的光子，并且焦散会更尖锐，但也许更嘈杂；较大的值会产生更平滑但模糊的焦散；特殊值 0 意味着 V-Ray 将使用它可以在搜索区域内找到的所有光子。
- 最大密度：限制焦散光子图的分辨率（以及内存）。每当 V-Ray 需要在焦散光子图中存储新光子时，它首先会查看在此参数指定的距离内是否还有其他光子。

8.4.6 【渲染元素（通道图）】卷展栏

渲染元素是一种将渲染分解为其组成部分的方法，例如，漫反射颜色、反射、阴影、遮罩等。在重新组合最终图像时，使用合成或图像编辑应用程序对最终图像进行微调。渲染元素有时也被称为渲染通道。

当没有设置渲染元素时，【渲染元素（通道图）】卷展栏如图 8-90 所示。在【添加元素】下拉列表中可以选择一种渲染元素，如图 8-91 所示。

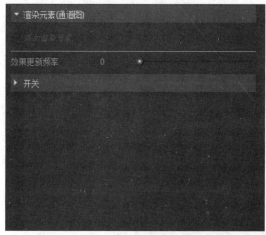

图 8-90　没有渲染元素的卷展栏

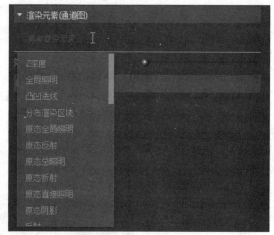

图 8-91　可以选择渲染元素

当在【渲染器】卷展栏中开启了【降噪】选项后，【渲染元素（通道图）】卷展栏中显示【降噪】子卷展栏，如图 8-92 所示。

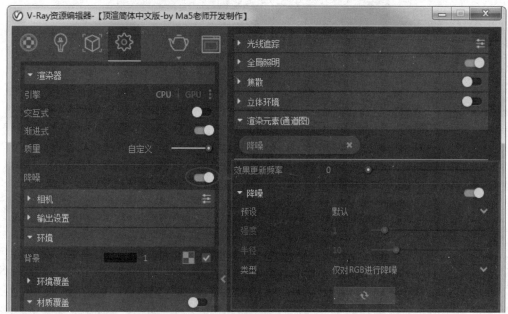

图 8-92　显示【降噪】子卷展栏

下面介绍【降噪】子卷展栏中的选项。

● 效果更新频率：用于设置降噪效果的更新频率。较大的频率会导致降噪器更频繁地更新，也会增加渲染时长。一般设置为 5～10 就足够了。

- 预设：提供预设以自动设置强度和半径值。
- 强度：确定降噪操作的强度。
- 半径：指定要降噪的每个像素周围的区域。较小的半径将影响较小范围的像素；较大的半径会影响较大的范围，这会增加噪点。
- 类型：指定是否仅对 RGB 颜色渲染元素或其他元素进行去噪点。

8.5　建筑与室内场景渲染案例

本节用两个场景渲染案例来说明 V-Ray for SketchUp 渲染插件的实际应用技巧。

8.5.1　材质应用案例

源文件：\Ch07\Materials_Start.skp
结果文件：\Ch07\Materials_finish.skp
视频：\Ch07\材质应用范例.avi

本例介绍了利用 V-Ray for SketchUp 材质的基础知识，包括如何使用材质库轻松地创作不同风格的图片，以及如何编辑现成材质和如何制作新的材质。如图 8-93 所示为应用材质后的最终渲染效果图。

图 8-93　最终渲染效果图

1. 创建场景

本例需要创建 3 个场景用作渲染视图。

① 打开本例场景文件 Materials_Start.skp，如图 8-94 所示。
② 将视图调整为如图 8-95 所示的状态。接着在菜单栏中选择【视图】|【动画】|【添加场景】命令，将视图状态保存为一个动画场景，方便进行渲染操作。创建的场景在【场景】面板中可见，可以重命名场景，如图 8-96 所示。
③ 同理，再创建一个名为"茶杯视图"的场景，如图 8-97 所示。

> **技巧提示：**
> 　当创建场景后，如果对视图状态不满意，可以逐步调整视图状态，直到满意为止，然后在视图窗口左上角的场景选项中单击鼠标右键，选择快捷菜单中的【更新】命令，可以将新视图状态更新到当前场景中。

图 8-94　打开场景文件

图 8-95　视图调整

图 8-96　创建【场景号 1】

图 8-97　创建【场景号 2】

2. 渲染初设置

为了加快渲染进度，需要对 V-Ray 进行初步设置。

① 单击【资源管理器】按钮◎，弹出【V-Ray 资源管理器】对话框。

② 在【设置】选项卡中进行渲染设置，如图 8-98 所示。然后单击【用 V-Ray 交互式渲染】按钮◎，对当前场景进行初步渲染，可以看一下基础灰材质场景的状态，如图 8-99 所示。

> **技巧提示：**
>
> 启用交互式渲染可以在进行每一步的渲染设置后自动将设置应用到渲染效果中，可以快速地进行渲染操作与更改。

③ 同理，对【茶杯视图】场景也进行基础灰材质渲染。

④ 在打开的【V-Ray frame buffer】帧缓存窗口中单击【Region render】渲染区域按钮◎，在帧缓存窗口中绘制一个矩形（在茶杯和杯托周围绘制渲染区域），从而把交互式渲染限制在这个特定区域内，让用户可以集中处理杯子的材质，如图 8-100 所示。

图 8-98　渲染设置

图 8-99　基础灰材质渲染

图 8-100　绘制渲染区域

3. 应用 V-Ray 材质到【茶杯视图】场景中的对象

接下来利用 V-Ray 默认材质库中的材质对茶杯视图中的模型对象应用材质。基础灰材质渲染完成后请及时关闭【材质覆盖】，便于后续应用材质后能及时反馈模型中的材质表现状态。

① 首先设置茶杯的材质，茶杯材质属于陶瓷类型。打开【V-Ray 资源管理器】对话框，并在【材质】选项卡中展开左侧的材质库。在材质库中的【Ceramics & Porcelain（陶瓷）】类型中，将【Porcelain_A02_Orange_10cm】橙色陶瓷材质拖到材质列表中，如图 8-101所示。

② 在【茶杯视图】场景选中茶杯模型对象，然后在材质列表中，选择【Porcelain_A02_Orange_10cm】材质，单击鼠标右键，在弹出的快捷菜单中选择【将材质应用到选择图像】命令，完成材质的应用，如图 8-102 所示。

图 8-101　将材质库的材质拖动到材质列表　　　　图 8-102　将材质应用到选择图像

③ 应用材质后，可以从打开的【V-Ray frame buffer】帧缓存窗口中查看材质应用效果，如图 8-103 所示。

④ 同理，可以将其他陶瓷材质应用到茶杯模型上，同时查看交互式渲染效果，以便随时更改以获得满意的效果，如图 8-104 所示。

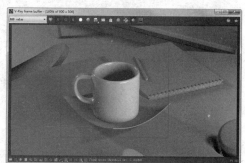

图 8-103　材质渲染效果　　　　　　　图 8-104　应用其他材质的效果

⑤ 接下来将类似的陶瓷材质添加给杯托模型，如图 8-105 所示。

图 8-105　应用陶瓷材质给杯托

⑥ 随后处理桌面的材质。在【V-Ray frame buffer】帧缓存窗口中绘制一个区域，将材质渲染集中应用到桌面上，如图 8-106 所示。

⑦ 在【茶杯视图】场景中选中桌子模型对象，然后将材质库【Glass（玻璃）】类别中的【Glass_Tempered（绿色镀膜玻璃）】材质应用给选中的桌面模型，如图 8-107 所示。

图 8-106　绘制渲染区域

图 8-107　应用材质

⑧　查看【V-Ray frame buffer】帧缓存窗口中的矩形渲染区域，查看桌面材质效果，如图 8-108 所示。

⑨　接着给笔记本绘制一个矩形渲染区域，如图 8-109 所示。

图 8-108　查看渲染效果

图 8-109　绘制渲染区域

⑩　选中笔记本模型，然后将材质库【Paper】分类中的【Paper_C04_8cm】这种带图案的材质指定给笔记本，交互式渲染效果如图 8-110 所示。

技巧提示：

　　由于仅仅是对笔记本的封面进行渲染，里面的纸张就不必应用材质了，因此，在选择【将材质应用到选择图像】命令后，材质并不会应用到封面上，这时需要在 SketchUp 的【材料】面板中将【Paper_C04_8cm】材质添加到笔记本封面上，如图 8-111 所示。

图 8-110　应用材质后的渲染

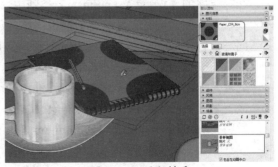

图 8-111　添加材质

⑪ 笔记本上的图案比例较大，可以在【材料】面板中的【编辑】选项卡中修改纹理比例值，如图 8-112 所示。

图 8-112 编辑材质参数

4. 应用 V-Ray 材质到【主要视图】场景中的对象

① 切换到【主要视图】场景中。然后在【V-Ray frame buffer】帧缓存窗口中取消区域渲染，并重新绘制包含桌面底板及桌腿部分的渲染区域，同时在场景中按 Shift 键选取桌面底板及桌腿对象，如图 8-113 所示。

图 8-113 绘制渲染区域

② 在材质库的【Wood & Laminate】类别中，将【Laminate_D01_120cm】材质应用给桌面底板及桌腿，同时在【材料】面板中修改纹理尺寸值，如图 8-114 所示。

③ 同理，将【Laminate_D01_120cm】材质应用到 3 把椅子对象上。操作方法是：在场景中双击一把椅子组件，进入组件编辑状态，再选择椅子对象，即可将材质应用给椅子，交互式渲染效果如图 8-115 所示。

④ 接下来选择椅子中包含的螺钉对象，选择一颗螺钉，其余椅子上的螺钉被同时选中，然后将【Metal】类别中的【Aluminum_Blurry（铝_模糊）】材质应用给螺钉，渲染效果如图 8-116 所示。

图 8-114　应用材质给桌面底板及桌腿

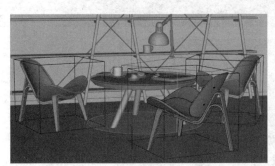

图 8-115　应用材质给椅子

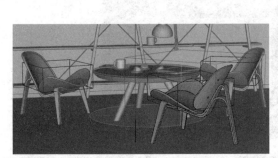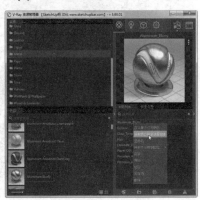

图 8-116　应用材质给螺钉

⑤　同理，将【Fabric（织物）】类别中的【Fabric_Pattern_D01_20cm（布料_图案）】材质应
　　用给椅子上的坐垫，并修改纹理尺寸。如果【材料】面板中没有显示坐垫材质，可以单
　　击【样本颜料】按钮 ✎，去场景中吸取坐垫材质。椅子的材质应用完成后，在场景中单
　　击鼠标右键，选择【关闭组件】命令，效果如图 8-117 所示。

⑥　接下来选择靠背景墙一侧的支撑架与支撑板及螺钉对象，统一应用【Steel_Polished（钢
　　_光滑）】材质。

⑦　绘制渲染区域，如图 8-118 所示，将【Clay_B01_50cm（陶瓷）】材质应用给支撑架上的
　　一个茶杯，如图 8-119 所示。

⑧　给桌子上的笔记本应用材质。在【V-Ray frame buffer】帧缓存窗口中绘制笔记本渲染区域，
　　如图 8-120 所示。

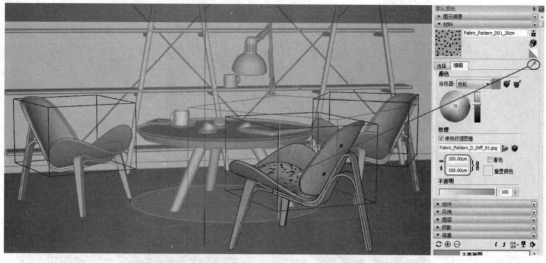

图 8-117 应用材质给坐垫

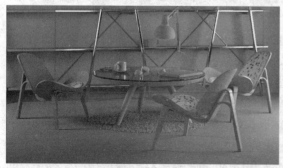

图 8-118 绘制渲染区域

图 8-119 给茶杯应用材质

⑨ 在材质库的【Plastic】类别中，将【Plastic_Leather_B01_Black_10cm（黑色塑料）】材质赋予笔记本下半部分，渲染效果如图 8-121 所示。

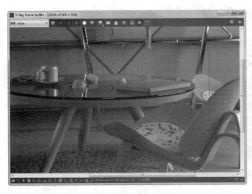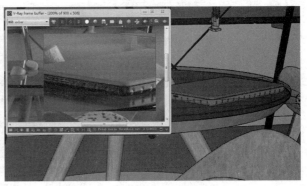

图 8-120　绘制渲染区域　　　　　　　　图 8-121　给笔记本下半部分应用材质

⑩　同理，将【Metallic_Paint_BronzeDark（金属_涂料_青铜暗）】材质赋予笔记本上半部分，渲染效果如图 8-122 所示。

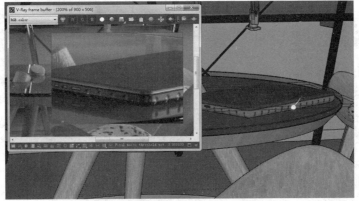

图 8-122　给笔记本上半部分应用材质

⑪　设置背景墙的材质。绘制背景墙渲染区域，将【WallPaint & Wallpaper】材质类别中的【WallPaint_FineGrain_01_Yellow_1m（壁纸_细粒_01_黄色_1 米）】材质赋予背景墙，如图 8-123 所示。

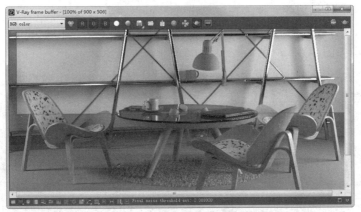

图 8-123　添加背景墙的材质

⑫　设置地板材质。绘制地板渲染区域，将【Stone（石料）】材质类别中的【Stone_F_100cm】材质赋予地板，并在【材料】面板中修改此材质的纹理尺寸，交互式渲染效果如图 8-124 所示。

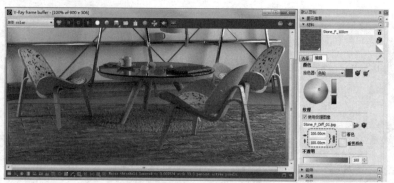

图 8-124　设置地板材质

⑬ 最后设置台灯的材质。绘制台灯渲染区域，将【Metal（金属）】材质类别中的【Metallic_Foil_Red（金属_箔_红）】材质赋予台灯，交互式渲染效果如图 8-125 所示。

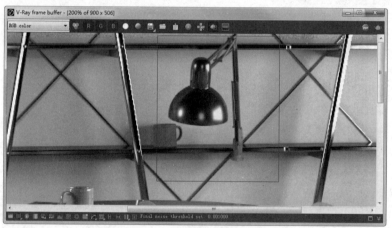

图 8-125　台灯材质渲染效果

5. 渲染

① 在【V-Ray frame buffer】帧缓存窗口中底部工具栏中单击第一个按钮，在对话框右侧打开颜色校正选项边栏。在边栏中单击【Globals（全局）】按钮，弹出全局预设菜单，在该菜单中选择【Load】命令，从本例源文件夹中打开【CC_01.vccglb】或【CC_02.vccglb】预设文件，如图 8-126 所示。

图 8-126　渲染全局预设

② 将两种预设文件载入后的交互式渲染效果对比如图 8-127 所示。

预设 1 的效果　　　　　　　　　　　　　　预设 2 的效果

图 8-127　载入两种预设文件后的渲染效果

③ 最终选择【CC_02.vccglb】效果作为本例的渲染预设文件。在【V-Ray 资源管理器】对话框的【设置】选项卡中，首先结束交互式渲染（单击 按钮）。然后重新进行渲染设置，如图 8-128 所示。

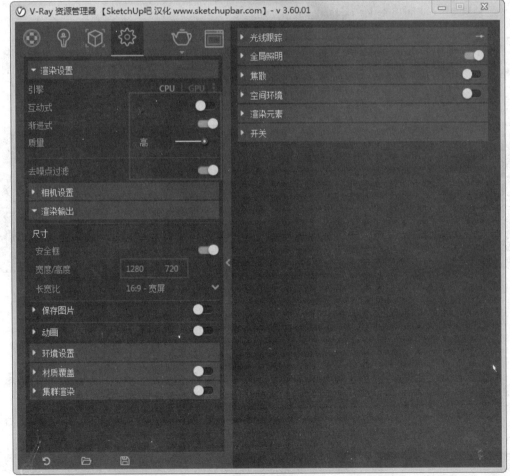

图 8-128　渲染输出设置

④ 单击【用 V-Ray 渲染】按钮 ，进行最终的材质渲染，效果如图 8-129 所示。

图 8-129　最终渲染效果

8.5.2　室内布光技巧案例

源文件：\Ch07\Interior_Lighting_Start.skp
结果文件：\Ch07\Interior_Lighting_finish.skp
视频：\Ch07\室内布光技巧范例.wmv

本节以使用 V-Ray 渲染室内客厅为例进行介绍，主要分为布光前准备、设置灯光、材质调整、渲染出图几个部分。室内客厅建立了 3 个不同的场景页面，如图 8-130 所示为在白天与黄昏时的渲染效果。

白天渲染效果

黄昏渲染效果

图 8-130　室内补光效果图

由于本例是关于 V-Rar 布光的案例，因此材质的应用在本例中就不详细介绍了。

1. 白天布光

① 首先打开本例源文件 Interior_Lighting_Start.skp。该文件已事先创建完成了 3 个场景，便于布光操作，如图 8-131 所示。

② 打开【V-Ray 资源管理器】对话框。开启【交互式】渲染，开启【材质覆盖】，然后进行交互式渲染，如图 8-132 所示。

技巧提示：

为什么开启了【材质覆盖】选项后，滑动玻璃门却没有被覆盖呢？其实是在进行交互式渲染之前，在【材质】选项卡中对【Glass（玻璃）】材质的相关选项进行了设置，也就是已取消选中【允许覆盖】复选框，如图 8-133 所示。

图 8-131　打开场景文件

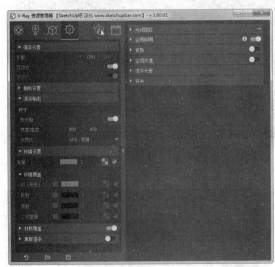
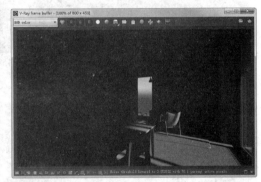

图 8-132　渲染设置

图 8-133　关于材质覆盖的问题

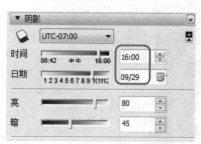

图 8-134　设置时间

③ 在 SketchUp 的【阴影】面板中调整【时间】，让外面的太阳光可以照射到室内，如图 8-134 所示。

④ 在【设置】选项卡的【相机设置】卷展栏中设置【曝光值】为 9，让更多的光从阳台外照射进室内，如图 8-135 所示。满意后关闭交互式渲染。

⑤ 接下来需要创建面光源作为天光。单击【矩形灯】按钮，创建面光源，并调整面光源大小，如图 8-136 所示。

图 8-135　相机设置

⑥ 切换到【视图_02】场景中，也创建一个面光源，如图 8-137 所示。

图 8-136　创建第一个面光源　　　　　　图 8-137　创建第二个面光源

技巧提示：

创建面光源时，最好在墙面上绘制，这样能保证面光源与墙面齐平，然后再进行缩放和移动操作。

⑦ 创建面光源后，使用【移动】命令分别将两个面光源向滑动玻璃门外平移。切换回【主视图】场景中，查看交互式渲染的布光效果，如图 8-138 所示。

⑧ 可以看到添加的面光源只是代表来自户外的天光，而不是真正的面光源，所以还要对面光源进行设置。注意，两个面光源的设置要保持一致。如图 8-139 所示。

⑨ 此时，可以看到对面光源进行设置后重新渲染的效果，完全模拟了自然光从户外照射进室内的情景，如图 8-140 所示。

图 8-138   交互式渲染效果

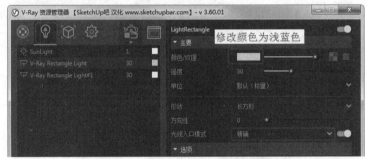

图 8-139   设置面光源参数

图 8-140   设置面光源后的渲染效果

⑩   在【设置】选项卡中取消选中【覆盖材质】复选框，再次查看真实材质在自然光照射下
的交互式渲染效果，如图 8-141 所示。

图 8-141　取消材质覆盖后的渲染

⑪　接下来就取消交互式渲染，改为产品级的渐进式渲染，如图 8-142 所示。

图 8-142　产品级的渐进式渲染效果

⑫　效果图的后期处理。在 V-Ray 帧缓存窗口中，展开渲染全局预设选项。在窗口底部的工具栏中单击【颜色校正】按钮▉，查看渲染效果中的曝光问题，如图 8-143 所示。在全

局预设选项中开启【Exposure】曝光参数选项，设置【Highlight Burn（高光混合值）】为 0.7 左右。注意，不要设置得太低，因为有可能让图片变得很平（缺乏明暗对比），重新渲染后的效果看起来曝光不那么明显了，如图 8-144 所示。

图 8-143　显示图片中的曝光

图 8-144　调整曝光参数

⑬ 接着开启【White Balance（白平衡）】参数，设置为 6000。开启【Hue/Saturation（色相/饱和度）】参数，此参数可以用来调节色彩倾向和色彩明度。开启【Color Balance（色彩平衡）】参数，使得用户可以更复杂地控制图像的色彩，调试这些参数，找到自己喜欢的色彩平衡效果。如图 8-146 所示。

⑭ 开启【Curve（曲线）】参数，调整场景的对比度，如图 8-147 所示。

⑮ 在底部工具栏中单击【Open lens effects（打开相机效果）】按钮，在窗口左侧将显示控制相机效果的选项。然后开启【Bloom（光晕）】，给远处的窗口带来更多真实摄影的光感。调整光晕的形状，把它变小，变成更微妙的效果，把数值设置为 20.50。【Weight（权重）】参数控制着光晕效果对全图的影响程度，将其设置为 2.83，制造一点点的光晕效果。把【Size（尺寸）】设置为 9.41。效果图最终处理结果如图 8-147 所示。

⑯ 将后期处理的效果图输出。

2. 黄昏时的布光

① 在【V-Ray资源管理器】对话框的【设置】选项卡中，重新开启【材质覆盖】，开启交互式渲染，在【环境设置】卷展栏中取消选中【背景】贴图选项，这样会减少室内环境光，设置【背景】值为 5，背景颜色可以适当调深一点，如图 8-148 所示。

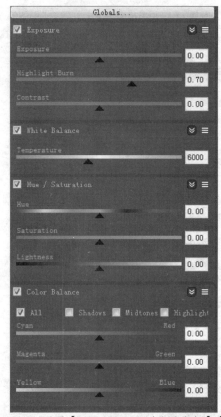

图 8-145　设置【White Balance（白平衡）】参数

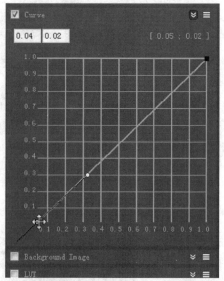

图 8-146　调整场景的对比度

图 8-147　打开相机效果后的渲染

② 为场景添加聚光灯。在【主视图】场景中连续两次双击灯具组件，进入到其中一个灯具组的编辑状态中，如图 8-149 所示。如果向该灯具添加光源，那么其余的相同灯具会相应地自动添加光源。

③ 单击【聚光灯】按钮 ，在灯具底部放置聚光灯，光源要低于灯具，如图 8-150 所示。添加后关闭灯具群组编辑状态。

④ 为场景添加 IES 光源。切换到【视图_02】场景，然后调整视图角度，便于放置灯源。单击【IES 灯】按钮 ，从本例源文件夹中打开 10.IES 光源文件，然后在书柜顶部添加一个 IES 光源，然后将其复制一个（在移动灯具的过程中按下 Ctrl 键），如图 8-151 所示。

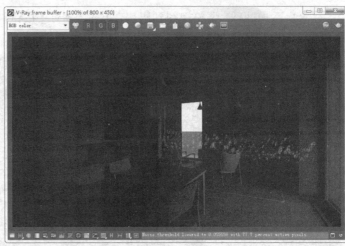

图 8-148　环境设置

图 8-149　激活灯具组件

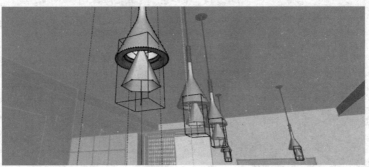

图 8-150　添加聚光灯

图 8-151　添加 IES 光源

⑤ 在厨房添加球球。调整视图到厨房，单击【球灯】按钮◎，靠近天花板的位置放置球灯，如图 8-152 所示。

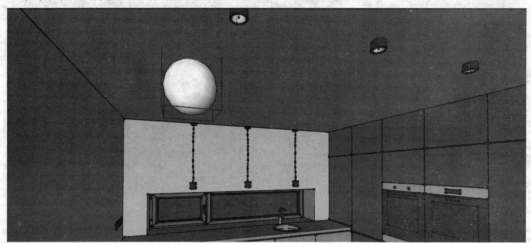

图 8-152　在厨房添加球灯

⑥ 双击【主视图】场景，返回初始视图状态，然后进行交互式渲染，结果如图 8-153 所示。可见各种光源的效果不甚理想，需要进一步设置光源效果。

图 8-153　灯光的交互式渲染效果

⑦ 关闭聚光灯和球灯光源线，仅开启要设置的 IES 光源。在【V-Ray frame buffer】帧缓存窗口中绘制渲染区域，如图 8-154 所示。

⑧ IES 文件自带亮度信息，但是这个场景要覆盖原始信息，自定义亮度。在 IES 光源的编辑器中设置光源强度，如图 8-155 所示。

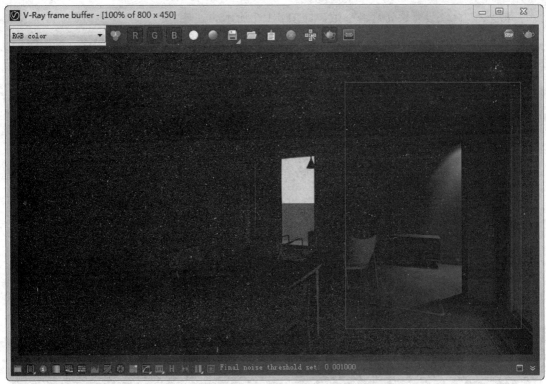

图 8-154　绘制渲染区域

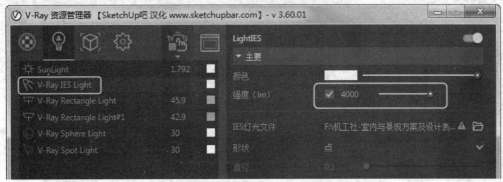

图 8-155　设置 IES 光源强度

⑨　接着开启球灯，并编辑球灯参数，将厨房的球灯灯光颜色调得稍暖一些，并适当增大强度，如图 8-156 所示。

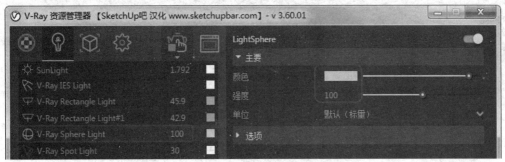

图 8-156　开启球灯并编辑球灯参数

⑩ 开启聚光灯，设置聚光灯源参数，如图 8-157 所示。

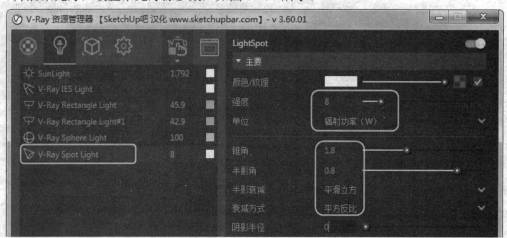

图 8-157 设置聚光灯参数

⑪ 查看交互式渲染效果，整体效果不错，但是桌子与椅子的阴影太尖锐了，如图 8-158 所示。

图 8-158 交互式渲染效果

⑫ 需要将聚光灯光源的【阴影半径】参数修改为 1，使其边缘被柔化，如图 8-159 所示。

⑬ 同样，将聚光灯的颜色调整为暖色。关闭交互式渲染，改为产品级的真实渲染，关闭【材质覆盖】，渲染效果如图 8-160 所示。

⑭ 在【V-Ray frame buffer】帧缓存窗口中，按前一案例中图像效果处理的方法来处理本例的图像渲染效果，如图 8-161 所示。

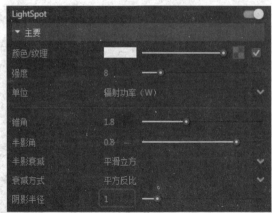

图 8-159　设置聚光灯的边缘柔化

图 8-160　关闭【材质覆盖】选项后的渲染效果

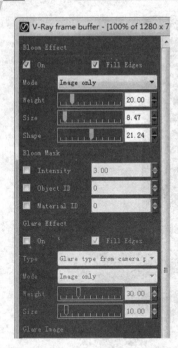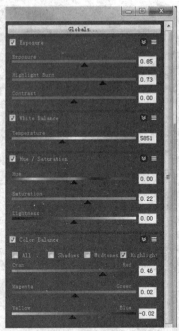

图 8-161　全局渲染设置

⑮　最终处理的渲染效果如图 8-162 所示。最后输出渲染图像，保存场景文件。

图 8-162　最终渲染效果

CHAPTER 9

建筑规划设计案例

本章导读

本章将介绍 SketchUp 在住宅规划设计中的应用，通过以两种不同的方式创建不同的住宅楼为例进行讲解，一个是以 AutoCAD 图纸为基础创建住宅小区规划模型，另一个是自由创建单体住宅楼。

学习要点

- ☑ 住宅小区设计方案
- ☑ 现代别墅设计方案

扫码看视频

9.1 住宅小区设计方案

源文件：\Ch09\住宅小区规划\住宅小区规划平面图-原图.dwg
结果文件：\Ch09\住宅小区规划案例\
视频：\Ch09\住宅小区规划.wmv

9.1.1 设计解析

下面以某城市的一个高档住宅规划为例，着重讲解规划中需要达到的模型效果，以及场景周围的表现情况。小区的四周交通便利，并且设有一个车行出入口和一个人行出入口，还设有两个停车场。人行出入口为小区主入口，配有漂亮的景观设施，两边还有花坛。地面以花形铺砖，并以喷泉和廊亭作为小区的标志性建筑。小区住宅的户型分为 3 种，共有 7 幢。每一幢建筑分散均匀，周围都有不同的绿色植物陪衬，让人们可以随时感受绿色的气息。整个小区住宅规划得非常详细，而且能很好地展现人们的生活风貌。

规划区的总体平面在功能上由 3 部分组成，包括小区出入口区、绿化区和住宅区。在交通流线上，由于住宅属于高档小区，地处城市中心地段，而且周围有其他住宅小区，人流量较多，所以东、西、南、北面都设有完善的交通流线。

如图 9-1、图 9-2 所示为建模效果，如图 9-3 至图 9-6 所示为添加场景后的后期效果。本例的操作流程如下：

图 9-1 建模效果 1

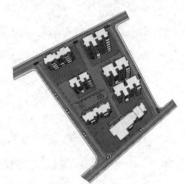
图 9-2 建模效果 2

图 9-3 后期效果 1

图 9-4 后期效果 2

图 9-5 后期效果 3

图 9-6 后期效果 4

① 整理 AutoCAD 图纸。

② 在 SketchUp 中导入 AutoCAD 图纸。

③ 创建模型。

④ 导入组件。

⑤ 添加场景。

9.1.2 整理 AutoCAD 图纸

本节以一张 AutoCAD 平面图纸设计为例进行讲解。首先，在 AutoCAD 中对图纸进行清理，然后再导入到 SketchUp 中进行描边封面。

1. 整理 AutoCAD 图纸

AutoCAD 平面设计图纸里含有大量的文字、图层、线、图块等信息，如果将其直接导入到 SketchUp 中，会增加建模的复杂性，所以一般先在 AutoCAD 软件里进行处理，将多余的线条删除，使设计图纸简单化，如图 9-7 所示为原图，如图 9-8 所示为简化图。

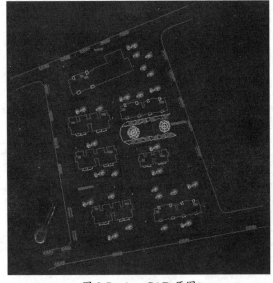

图 9-7 AutoCAD 原图

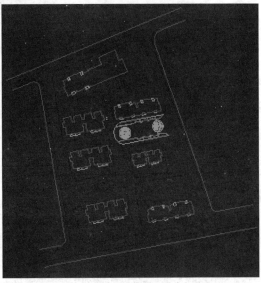

图 9-8 简化图

提示：

在清理图纸时，如果 AutoCAD 图形中出现粗线条，可使用 "X" 命令将其打散，使其变成单线条，这对后期导入 SketchUp 封面时非常重要且更加方便。如果 AutoCAD 图纸比较复杂，可以利用关闭图层的方法减少清理图纸的时间，但清理完成后一定要重新复制图纸到新的 AutoCAD 文档中，否则导入到 SketchUp 中可能会造成图层混乱或者封面时遇到困难。

⑥ 启动 AutoCAD 2018 软件，打开【住宅小区规划平面图-原图.dwg】图纸。

⑦ 在 AutoCAD 命令行中输入 PU，按 Enter 键弹出【清理】对话框，如图 9-9 所示。

⑧ 单击 全部清理(A) 按钮，弹出如图 9-10 所示的对话框，选择【清除所有项目】选项，直到【清理】对话框中的【全部清理】按钮变成灰色状态，即清理完图纸，如图 9-11 所示。

图 9-9　【清理】对话框　　　　　　　图 9-10　确认清理

⑨ 在 SketchUp 里先优化一下场景，选择【窗口】|【模型信息】命令，弹出【模型信息】对话框，设置模型单位，如图 9-12 所示。

2. 导入图纸

将图纸导入到 SketchUp 中，创建封闭面，对单独要创建的模型要进行单独封面，这里导入的图纸以【毫米】为单位。

① 选择【文件】|【导入】命令，导入【住宅小区规划平面图 2.dwg】，弹出【打开】对话框，选择"文件类型"为【AutoCAD 文件（*.dwg）】，如图 9-13、图 9-14 所示。

② 单击 选项(P)... 按钮，将【单位】改为【毫米】，单击 确定 按钮，最后单击 打开(0) 按钮，即可导入 AutoCAD 图纸，如图 9-15 所示。

③ 如图 9-16 所示为导入图纸后的结果信息。

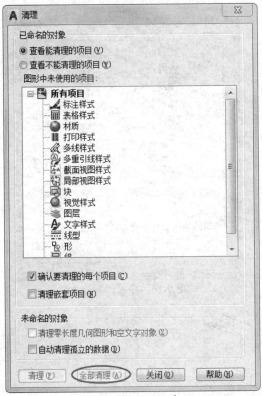

图 9-11 完成图纸清理

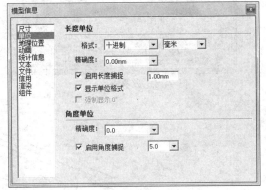

图 9-12 设置模型单位

图 9-13 选择菜单命令

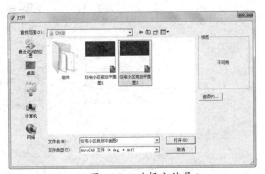

图 9-14 选择文件导入

提示：

　　如果无法导入 AutoCAD 图形，请用较低的 AutoCAD 版本存储再重新导入。如果在 SketchUp 中导入 AutoCAD 图纸的过程中出现了自动关闭的现象，请确定场景优化是否正确。

④　单击 关闭 按钮，导入到 SketchUp 中的 AutoCAD 图纸是以线框形式显示的，如图 9-17 所示。

⑤　将图纸放大并清理，将多余的线条或出头的线条删除，将断掉的线连接好，如图 9-18、图 9-19 所示。

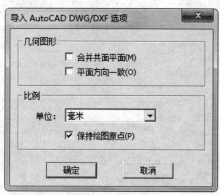

图 9-15 设置导入选项

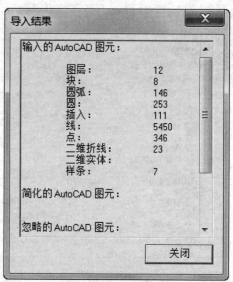

图 9-16 导入结果信息

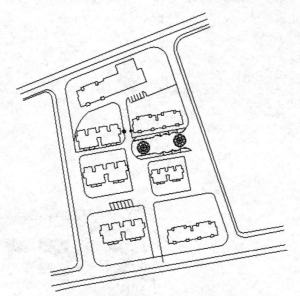

图 9-17 导入的图纸以线框的形式显示

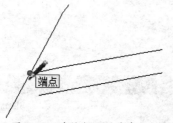

图 9-18 连接断开的线条

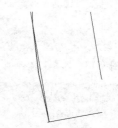

图 9-19 删除多余的线条

⑥ 单击【直线】按钮✏️，对导入的图纸进行描边，绘制封闭曲线，从而形成曲面。要创建的模型要单独封面，如图 9-20、图 9-21 所示。

⑦ 选中 3 个不同的户型面，单击鼠标右键，选择【创建组】命令，如图 9-22、图 9-23 所示。

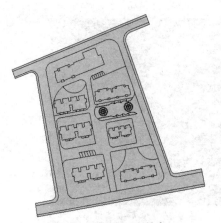

图 9-20　按图纸绘制线

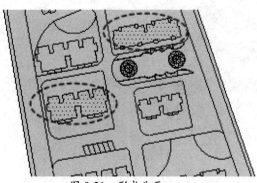

图 9-21　形成曲面

图 9-22　选择【创建组】命令

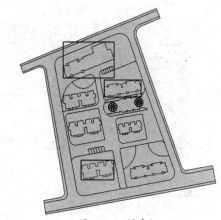

图 9-23　创建组

9.1.3　建模设计流程

参照图纸，分别创建住宅小区 A、B、C 户型，包括创建住宅入口石阶、遮阳板、楼梯间模型，创建开口窗户和户外阳台模型等，以及小区内部景观设施。

1. 创建 A 户型

住宅小区 A 户型的建筑模型包括住宅入口石阶、遮阳板、楼梯间模型，开口窗户、户外阳台模型，以及天台和绿化池模型。

2. 创建石阶和遮阳板

① 单击【推/拉】按钮 🔧，将其中一个户型的曲面推高 80mm，如图 9-24 所示。

② 在【材料】面板中导入【大门组件.skp】文件，并填充玻璃材质（使用纹理图像，导入【背景图片.jpg】文件），如图 9-25、图 9-26 所示。

③ 单击【矩形】按钮 🔲，绘制矩形面，如图 9-27 所示。

④ 单击【推/拉】按钮 🔧，将矩形拉出 5mm，形成大门遮阳板，如图 9-28 所示。

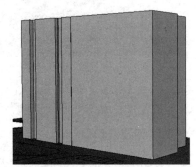

图 9-24　推出户型曲面

图 9-25　导入组件

图 9-26　填充玻璃材质

图 9-27　绘制矩形面

图 9-28　推出大门遮阳板

⑤ 单击【直线】按钮 ✏，绘制直线，如图 9-29 所示。单击【推/拉】按钮 ♦，拉出石阶，如图 9-30 所示。

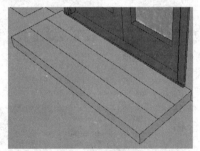

图 9-29　绘制直线

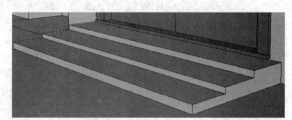

图 9-30　拉出石阶

⑥ 单击【偏移】按钮 🖐，向里偏移复制面 0.5mm。单击【推/拉】按钮 ♦，拉出积水沟效果，如图 9-31、图 9-32 所示。

3. 创建开口窗

① 单击【矩形】按钮 ▦，在墙体上绘制一个矩形。单击鼠标右键，选择【创建组件】命令，如图 9-33 所示。

② 双击组件进入编辑状态，单击【推/拉】按钮 ♦，向外拉 1.5mm，如图 9-34、图 9-35 所示。

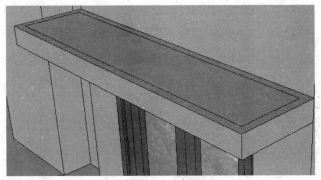

图 9-31 偏移复制面

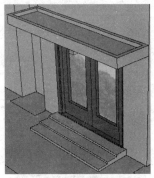

图 9-32 拉出积水沟效果

图 9-33 绘制矩形并创建组件

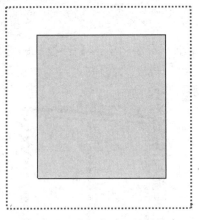

图 9-34 双击组件进入编辑状态

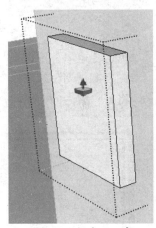

图 9-35 拉出开口窗

③ 将多余的侧面删除，如图 9-36 所示。

④ 选中内部面，单击鼠标右键，选择【反转平面】命令，如图 9-37、图 9-38 所示。

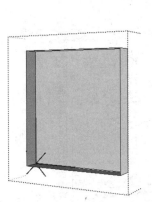

图 9-36 删除多余的侧面

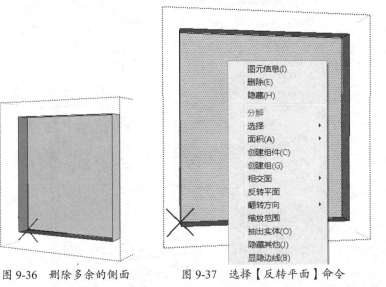

图 9-37 选择【反转平面】命令

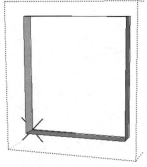

图 9-38 反转效果

⑤ 单击【偏移】按钮，将面向里偏移复制 0.5mm，如图 9-39 所示。

⑥ 单击【推/拉】按钮，向外拉 0.5mm，如图 9-40 所示。

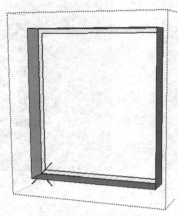

图 9-39　偏移复制面

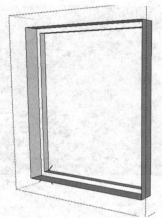

图 9-40　向外拉出窗边框

⑦　单击【矩形】按钮 ▨，绘制矩形面。单击【推/拉】按钮 ♦，拉出窗扇框，如图 9-41、图 9-42 所示。

⑧　将窗户周围的面删除，如图 9-43 所示。

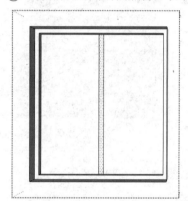

图 9-41　绘制矩形面

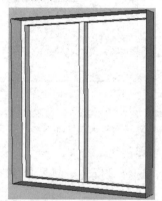

图 9-42　拉出窗扇框

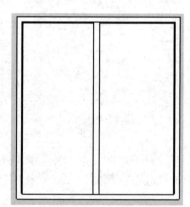

图 9-43　删除窗周边的多余面

⑨　单击【矩形】按钮 ▨，在窗户下方绘制矩形面。单击【推/拉】按钮 ♦，向外拉 14mm，形成窗台，如图 9-44、图 9-45 所示。

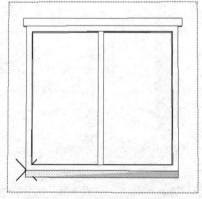

图 9-44　在窗户下方绘制矩形面

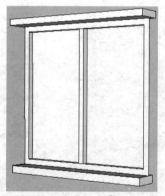

图 9-45　拉出窗台

⑩　为窗户填充相应的材质，效果如图 9-46 所示。

⑪　单击【移动】按钮 ✛，将窗户组件进行复制，并缩放其大小，如图 9-47 所示。

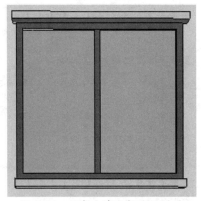

图 9-46   为窗户填充相应的材质

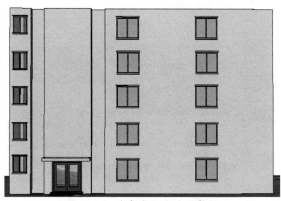

图 9-47   将窗户组件进行复制

4. 创建阳台

① 单击【矩形】按钮▣，绘制矩形面，再将其创建成组，如图 9-48 所示。

② 单击【推/拉】按钮◈，向外拉 4mm，如图 9-49 所示。

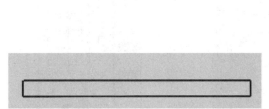

图 9-48   绘制矩形面

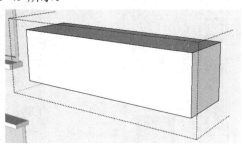

图 9-49   推拉矩形面

③ 单击【偏移】按钮◑，将面向里偏移一定距离，如图 9-50 所示。

④ 单击【推/拉】按钮◈，拉出阳台，如图 9-51 所示。

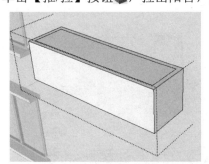

图 9-50   将面向里偏移

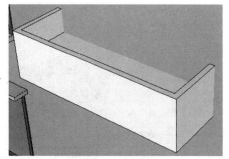

图 9-51   拉出阳台

⑤ 在阳台上方导入门组件，如图 9-52 所示。

⑥ 单击【移动】按钮✛，对阳台进行复制，如图 9-53 所示。

5. 创建楼梯间和天台

① 创建楼梯间。绘制矩形，然后单击【偏移】按钮◑，将面向里偏移 3mm，如图 9-54 所示。

② 单击【推/拉】按钮◈，向里推 1mm，如图 9-55 所示。

③ 启动建筑插件，单击【玻璃幕墙】按钮▥，创建玻璃幕墙，如图 9-56 所示。

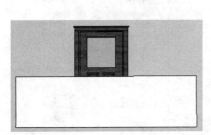

图 9-52　导入门组件

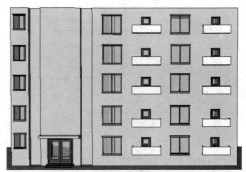

图 9-53　复制阳台

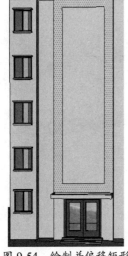

图 9-54　绘制并偏移矩形

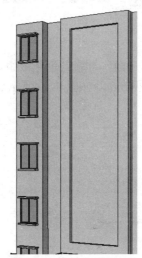

图 9-55　推拉面形成凹陷

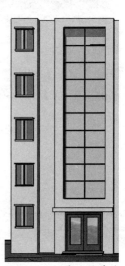

图 9-56　创建玻璃幕墙

④　创建天台。选择楼顶边，单击【偏移】按钮 ，偏移复制 1mm，生成天台曲线，如图 9-57 所示。

图 9-57　绘制天台曲线

提示：

　　在创建玻璃幕墙时，如果是反面，则无法自动填充玻璃颜色，需要选择【反转平面】命令，然后再选择【玻璃幕墙】命令，才能创建成功。

⑤　单击【推/拉】按钮 ，拉出天台，如图 9-58 所示。

⑥　单击【推/拉】按钮 ，继续推拉出如图 9-59 所示的其他结构。

⑦　单击【直线】按钮 ，绘制直线。单击【推/拉】按钮 ，拉出盖板，如图 9-60、图 9-61 所示。

图 9-58 拉出天台

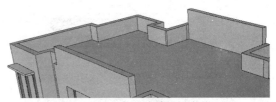
图 9-59 推拉出其他结构

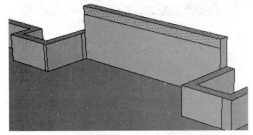
图 9-60 绘制直线

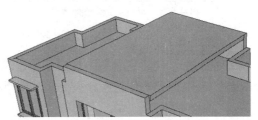
图 9-61 拉出盖板

⑧ 单击【移动】按钮✛，复制窗户及阳台，完善户型背面效果，如图 9-62 所示。

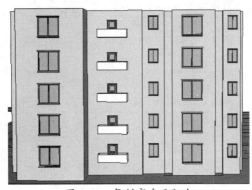
图 9-62 复制窗户及阳台

6. 创建绿化池

① 绘制封闭曲线，再单击【偏移】按钮，向里偏移复制 0.5mm，如图 9-63 所示。
② 单击【推/拉】按钮，分别推拉 1mm、6mm，如图 9-64 所示。

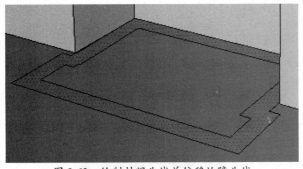
图 9-63 绘制封闭曲线并偏移故障曲线

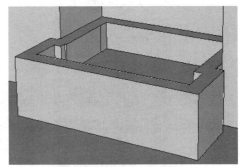
图 9-64 推拉面形成绿化池

③ 在【材料】面板中为绿化池填充材质，如图 9-65 所示。
④ 在【材料】面板中继续为创建好的 A 户型完善材质，如图 9-66 所示。

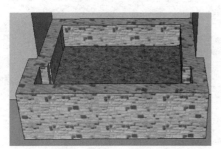

图 9-65　为绿化池填充材质

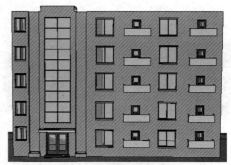

图 9-66　完善其他材质

7. 创建 B 户型

参照图纸，创建住宅小区 B 户型的建筑模型，包括创建住宅大门入口模型，创建窗户、户外阳台模型，以及创建天台和楼梯间模型。

8. 创建大门入口

① 选择 B 户型的曲面，单击【推/拉】按钮 ，向上推 100mm，生成 B 户型建筑主体模型，如图 9-67 所示。

② 单击【擦除】按钮 ，擦除多余的线条，如图 9-68 所示。

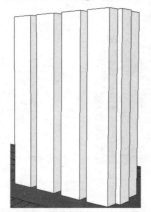

图 9-67　创建 B 户型主体模型

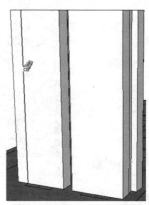

图 9-68　擦除多余的线条

③ 导入大门组件，如图 9-69 所示。

④ 单击【矩形】按钮 ，绘制矩形面，如图 9-70 所示。

图 9-69　导入大门组件

图 9-70　绘制矩形面

⑤ 单击【推/拉】按钮🔖，向外拉 8mm，拉出大门遮阳板，如图 9-71 所示。

⑥ 单击【圆】按钮⬤，绘制两个圆。单击【推/拉】按钮🔖，推拉出圆柱，如图 9-72 所示。

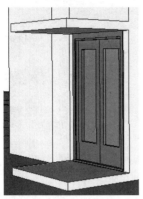

图 9-71　推出大门遮阳板

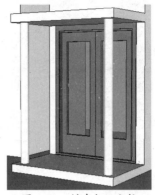

图 9-72　创建大门立柱

⑦ 单击【直线】按钮✏，绘制直线。单击【推/拉】按钮🔖，拉出石阶，如图 9-73、图 9-74 所示。

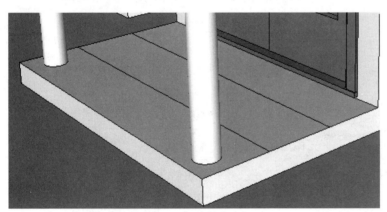

图 9-73　绘制直线

图 9-74　推拉出石阶

9. 创建窗户

① 在菜单栏中选择【文件】|【导入】命令，导入窗户组件，如图 9-75 所示。

② 单击【矩形】按钮🔲，绘制矩形面，如图 9-76 所示。

图 9-75　导入窗户组件

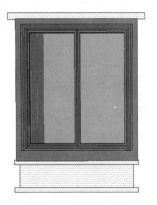

图 9-76　绘制矩形面

③ 单击【推/拉】按钮 ，向外拉一定的距离，创建窗台结构，如图 9-77 所示。

④ 在【材料】面板中为窗户填充材质，如图 9-78 所示。

⑤ 单击【移动】按钮 ，复制窗户组件，如图 9-79 所示。

图 9-77　创建窗台结构

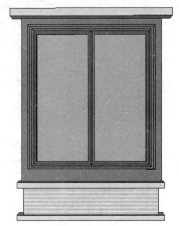
图 9-78　为窗户填充材质

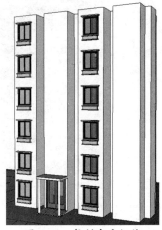
图 9-79　复制窗户组件

10. 创建阳台

① 单击【矩形】按钮 ，绘制矩形面，如图 9-80 所示。

② 单击【推/拉】按钮 ，向外拉 14mm，拉出阳台底板，如图 9-81 所示。

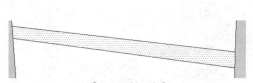
图 9-80　矩形面

图 9-81　拉出阳台底板

③ 单击【偏移】按钮 ，将面向里偏移 0.5mm，如图 9-82 所示。

④ 单击【推/拉】按钮 ，拉出阳台围栏，如图 9-83 所示。

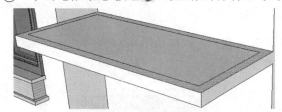
图 9-82　创建偏移面

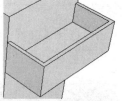
图 9-83　拉出阳台围栏

⑤ 导入玻璃门组件，如图 9-84 所示。

⑥ 单击【移动】按钮 ，复制阳台，如图 9-85 所示。

11. 创建楼梯间和天台

① 单击【直线】按钮 ，绘制直线形成面，如图 9-86 所示。

② 单击【推/拉】按钮 ，向外拉一定的离，如图 9-87 所示。

③ 单击【玻璃幕墙】按钮 ，创建玻璃幕墙，如图 9-88 所示。

④ 单击【偏移】按钮 ，将楼顶面向里偏移 1mm，如图 9-89 所示。

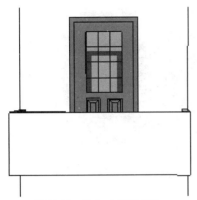

图 9-84　导入玻璃门组件

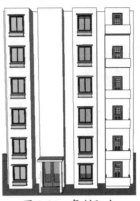

图 9-85　复制阳台

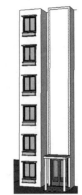

图 9-86　绘制直线形成面

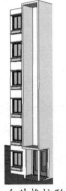

图 9-87　向外推拉形成结构

图 9-88　创建玻璃幕墙

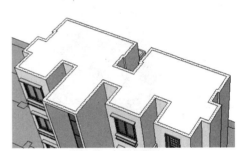

图 9-89　偏移复制面

⑤　单击【推/拉】按钮 ，拉出天台，如图 9-90 所示。

⑥　为户型模型填充材质，完善整体建筑效果，如图 9-91 所示。

图 9-90　拉出天台

图 9-91　为户型模型填充材质

12. 创建 C 户型

参照图纸，创建 C 户型模型，方法与创建 A、B 户型类似，很多步骤就不再重复讲解了，主要包括创建住宅大门入口模型、窗户和户外阳台模型、天台和楼梯间模型。

参照户型图纸，完成 C 户型的设计。将 3 个不同的户型复制到其他位置上，住宅小区建模完毕，如图 9-92 所示。

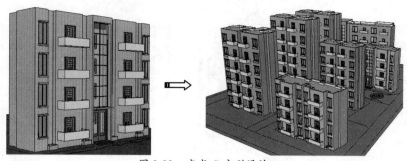

图 9-92　完成 C 户型设计

13. 完善其他设施

参照图纸，对住宅小区的其他地方进行建模，包括创建入口处的花坛和花形铺砖，以及小区内部的路面铺砖和草坪，最后创建马路的斑马线和绿化带效果。

① 单击【推/拉】按钮 ，将花坛拉高 1mm 和 0.3mm，如图 9-93、图 9-94 所示。

 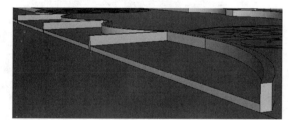

图 9-93　绘制封面曲线先推拉花坛边栏　　　　　　　图 9-94　拉出花坛底板

② 为花坛填充材质，如图 9-95 所示。

③ 接着参照图纸绘制花形图案，复制花形图案后再填充颜色，如图 9-96 所示。

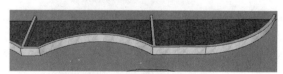 

图 9-95　为花坛填充材质　　　　　　　　　　图 9-96　绘制花形图案

④ 为小区路面填充混泥砖，并添加草坪材质，如图 9-97、图 9-98 所示。

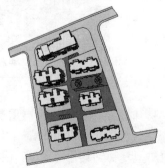 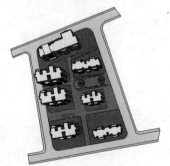

图 9-97　为小区路面填充混泥砖　　　　　　　图 9-98　为小区路面添加草坪材质

⑤ 单击【推/拉】按钮 ⚒，将草坪拉高 0.3mm，如图 9-99 所示。

图 9-99 拉高草坪

⑥ 导入马路图片，为马路创建贴图材质，如图 9-100、图 9-101 所示。

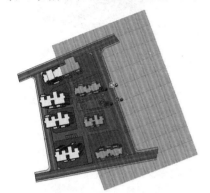

图 9-100 导入马路图片

图 9-101 创建贴图材质

⑦ 添加停车位及车辆组件，如图 9-102 所示。

图 9-102 添加停车位和车辆组件

提示：

在创建马路贴图时，如果道路比较复杂，需要用线条工具打断成面，然后单独进行平面贴图，再将线条隐藏，这样就能很好地完成贴图效果。

9.1.4 添加场景

为住宅小区设置阴影，并创建 3 个场景页面和一个俯视图场景页面，方便浏览观看，然后导出图片进行后期处理。

① 打开【阴影】工具栏，开启阴影效果，如图 9-103、图 9-104 所示。

② 选择【相机】|【两点透视】命令，将场景显示为两点透视图，如图 9-105 所示。

③ 在【风格】面板的【编辑】选项卡中取消显示边线，如图 9-106 所示。

图 9-103 开启阴影效果

图 9-104 显示建筑阴影

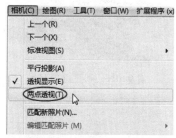

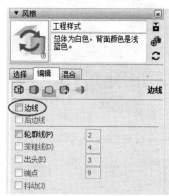

图 9-105 设置两点透视

图 9-106 取消显示边线

④ 调整好视图方向及相机位置，在【场景】面板中单击【添加场景】按钮⊕，创建【场景号 1】，如图 9-107、图 9-108 所示。

图 9-107 调整视图 1

图 9-108 创建【场景号 1】

⑤ 继续调整视图，再单击【添加场景】按钮⊕，创建【场景号 2】，如图 9-109、图 9-110 所示。

图 9-109 调整视图 2

图 9-110 创建【场景号 2】

⑥ 调整视图，继续单击【添加场景】按钮⊕，创建【场景号 3】，如图 9-111、图 9-112 所示。

⑦ 调整视图为俯瞰视图，最后单击【添加场景】按钮⊕，创建【场景号 4】，如图 9-113、图 9-114 所示。至此，完成了住宅小区的规划设计。

图 9-111 调整视图 3

图 9-112 创建【场景号 3】

图 9-113 调整视图 4

图 9-114 创建【场景号 4】

9.2 现代别墅设计方案

 源文件：\Ch09\现代别墅\现代别墅平面图 1.dwg

结果文件：\Ch09\现代别墅\现代别墅设计.skp

视频：\Ch09\现代别墅设计方案.wmv

本节以建立一个现代别墅住宅模型为例进行讲解。整个别墅包括 4 个面和 1 个屋顶，别墅以栏杆作为外围，地面以混泥砖铺路，室外配有休闲椅和喷水池。另外，后期制作将添加不同的植物，让整个环境看上去非常惬意，让住户在繁忙的工作之余享受美景。如图 9-115 所示为建模效果，如图 9-116 所示为后期处理效果。操作流程如下：

- 整理 AutoCAD 图纸。
- 在 SketchUp 中导入 AutoCAD 图纸。
- 调整图纸。
- 创建立面模型。
- 创建屋顶。
- 填充材质。
- 导入组件。
- 添加场景页面。
- 后期处理。

图 9-115　建模效果

图 9-116　后期效果

9.2.1　整理 AutoCAD 图纸

AutoCAD 设计图纸里含有大量的文字、图层、线、图块等信息，如果直接导入到 SketchUp 中，会增加建模的复杂性，所以一般先在 AutoCAD 软件里进行处理，将多余的线删除，使设计图纸简单化。如图 9-117 所示为原图，如图 9-118 所示为简化图。

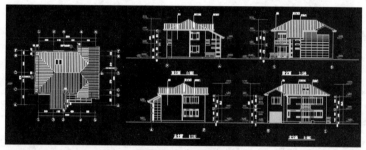

图 9-117　原图

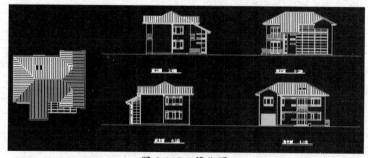

图 9-118　简化图

1. 在 AutoCAD 中整理图纸

① 启动 AutoCAD 2018，打开【现代别墅平面图-原图.dwg】图纸文件。

② 在命令行中输入 PU，按 Enter 键确认，对简化后的图纸进行进一步清理，如图 9-119 所示。

③ 选择【窗口】|【模型信息】命令，弹出【模型信息】对话框，设置模型单位，如图 9-120 所示。

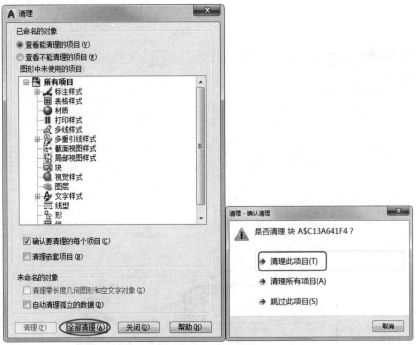

图 9-119　清理图纸

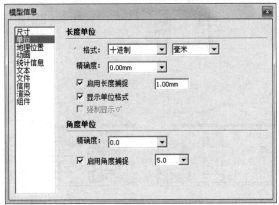

图 9-120　设置模型单位

2. 导入图纸

这里先导入东、南、西、北 4 个立面图纸，并创建封闭面。

① 选择【文件】|【导入】命令，弹出【打开】对话框，导入 AutoCAD 图纸。

② 单击【选项】按钮，设置【单位】为【毫米】，单击【确定】按钮，最后单击【打开】
按钮，即可导入 Auto CAD 图纸，如图 9-121、图 9-122 所示。

③ 导入到 SketchUp 中的 Auto CAD 图纸是以线条形式显示的，如图 9-123 所示。

④ 将多余的线条删除，如图 9-124 所示。

⑤ 单击【直线】按钮，使导入到 SketchUp 中的图纸线条形成一个封闭面，如图 9-125、
图 9-126、图 9-127、图 9-128 所示。

⑥ 创建完封闭面后，单击鼠标右键，在弹出的快捷菜单中选择【创建组】命令，将 4 个面
分别创建成组，如图 9-129 所示。

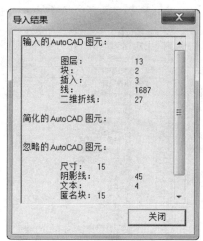

图 9-121　设置导入选项　　　　　　　图 9-122　导入结果

图 9-123　显示线条

图 9-124　删除多余线条

图 9-125　西立面

图 9-126　南立面

图 9-127　东立面

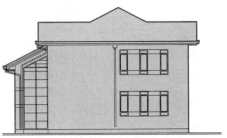

图 9-128　北立面

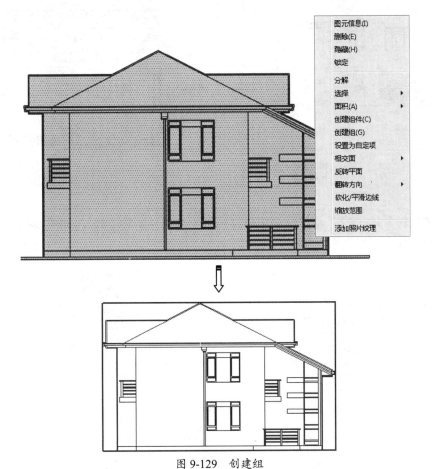

图 9-129　创建组

3. 调整图纸

利用【旋转】工具调整 4 个面的角度，使它们能围合起来，利用【视图】工具查看调整的方位是否对齐。

① 在【图层】面板中单击【添加图层】按钮 ⊕，创建 4 个图层，并重新命名图层，如图 9-130 所示。

② 选中一个立面组，单击鼠标右键，在快捷菜单中选择【图元信息】命令，在【图元信息】对话框中选择相应的图层，如图 9-131 所示。同理，将其余 3 个立面组也添加到各自的图层中。

技巧提示：

创建图层，主要是为了方便划分 4 个图层，进行显示或者隐藏操作，而各个图层之间不受影响。

图 9-130　图创建图层

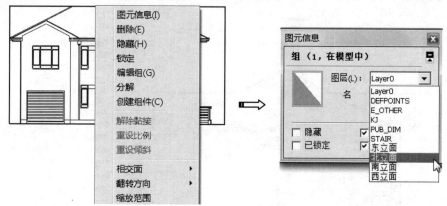

图 9-131　划分图层

③　单击【旋转】按钮，将东立面组以红色轴为参照，旋转 90°，如图 9-132 所示。同理，对其他立面组也进行相同的旋转。

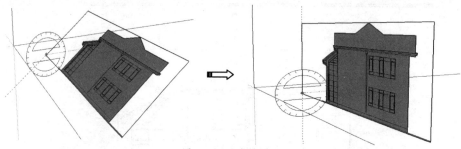

图 9-132　旋转图纸

④　调整 4 个立面的位置，根据设计图纸按顺序合围，如图 9-133 所示。

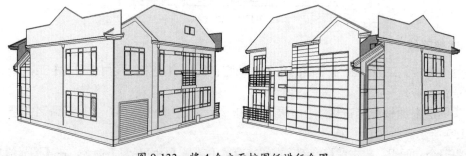

图 9-133　将 4 个立面按图纸进行合围

技巧提示：

　　在调整各立面的位置时，应按轴的方向进行旋转，并且可以利用不同的视图角度观看，保证图纸对齐。只有图纸对齐才能确保建立的模型准确。

⑤ 单击✎按钮，对建筑底面进行封闭，如图 9-134 所示。

9.2.2 建模设计流程

1. 创建立面模型

对 4 个立面进行操作，然后依次创建楼梯、窗户、门和栏杆等组件，并填充相应的材质。

图 9-134 封闭底面

2. 创建北立面

① 双击北立面组，使其进入编辑状态。

② 单击【推/拉】按钮 ⬇，拉出台阶，拉出时输入长度，两层台阶的长度分别为 700mm、350mm，如图 9-135、图 9-136 所示。

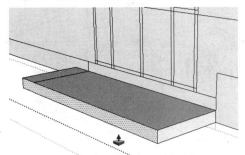

图 9-135 拉一层台阶

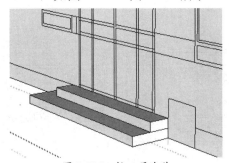

图 9-136 拉二层台阶

③ 单击【推/拉】按钮 ⬇，选中窗框面，拉出窗框 200mm，如图 9-137 所示，拉出窗户玻璃 100mm，如图 9-138 所示。

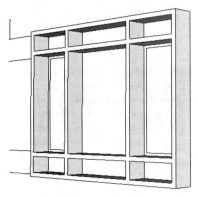

图 9-137 拉出窗框

图 9-138 拉出窗户玻璃

④ 在【材料】面板中选择玻璃材质，填充玻璃材质，如图 9-139 所示。

⑤ 创建成组，单击【移动】按钮 ✛，按住 Ctrl 键不放，选择窗户进行平移复制操作，复制出新的窗户，如图 9-140、图 9-141 所示。

⑥ 参考立面，绘制底层大门的门框曲面和玻璃曲面，然后单击【推/拉】按钮 ⬇，推拉 200mm 生成门框、推拉 100mm 生成玻璃，然后在【材料】面板中给玻璃模型添加玻璃材质，结果如图 9-142 所示。

⑦ 单击【推/拉】按钮 ⬇，拉出阳台（1000mm）与栏杆（900mm），在【材料】面板中选择木质纹材质，填充阳台栏杆，如图 9-143 所示。

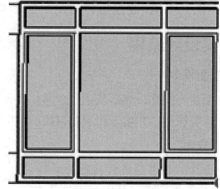

图 9-139　填充玻璃材质

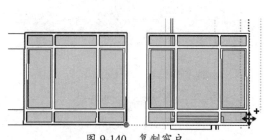

图 9-140　复制窗户

图 9-141　复制完成所有窗户

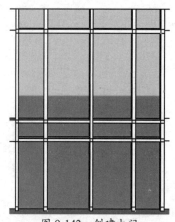

图 9-142　创建大门

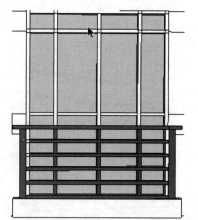

图 9-143　创建阳台及栏杆

⑧ 根据设计图纸，单击【推/拉】按钮 ，拉出墙 1200mm，如图 9-144 所示，拉出屋檐
1600mm，如图 9-145 所示。

⑨ 单击【推/拉】按钮 ，拉出墙面装饰带 100mm、50mm，如图 9-146、图 9-147 所示。

⑩ 创建完成的北立面效果如图 9-148 所示。

3. 创建南立面

① 单击【移动】按钮 ，按住 Ctrl 键不放，将北立面中的阳台栏杆复制到南立面的阳台
位置。再通过【缩放】命令调整栏杆，如图 9-149、图 9-150 所示。

② 创建窗户，单击【推/拉】按钮 ，拉出门框 1000mm，填充半透明材质，如图 9-151 所示。

③ 将窗户创建成组，按住 Ctrl 键不放，单击【移动】按钮 ，复制窗户，如图 9-152 所示。

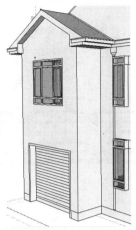

图 9-144 拉出墙

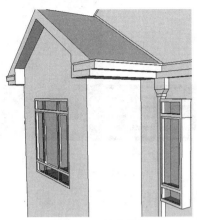

图 9-145 拉出屋檐

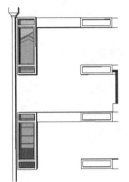

图 9-146 拉出墙面装饰带

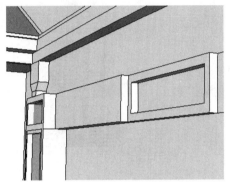

图 9-147 放大显示细节效果

图 9-148 北立面效果

图 9-149 创建栏杆并复制

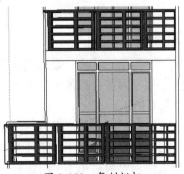

图 9-150 复制栏杆

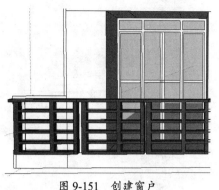

图 9-151　创建窗户

图 9-152　复制窗户

④　根据设计图纸创建玻璃幕墙，如图 9-153 所示。

图 9-153　创建玻璃幕墙

⑤　创建西立面、东立面的方法与创建北立面、南立面的方法类似，最后效果如图 9-154、图 9-155 所示。

图 9-154　西立面效果

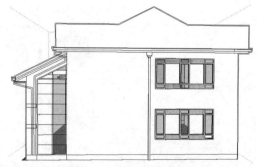

图 9-155　东立面效果

4. 创建屋顶

对屋顶平面单独建模，推拉高度可以参照图纸，也可根据需要自行设置。

①　导入屋顶平面图。切换到俯视图，单击【直线】按钮 ✐，绘制封闭的曲线，形成面，如图 9-156 所示。

②　先选中绘制的面，然后打开坡子插件库。在插件列表中找到【1001 建筑工具集-v2.2.1】建筑插件，在此插件中单击【自动创建坡度屋顶】按钮 ⬦，弹出【创建坡屋顶】窗口，设置坡屋顶参数后单击【创建坡屋顶】按钮，系统会自动创建坡屋顶，如图 9-157 所示。

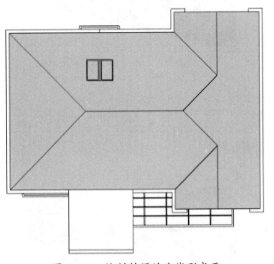

图 9-156 绘制封闭的曲线形成面

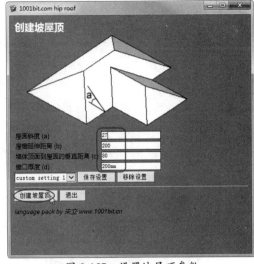

图 9-157 设置坡屋顶参数

③ 将坡屋顶模型炸开，接着在【材料】面板中添加屋顶材质，创建的坡屋顶效果如图 9-158 所示。

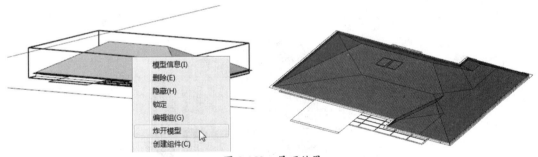

图 9-158 屋顶效果

④ 还有一小块斜屋顶是连接坡屋顶的，由于插件无法自动创建单边斜度屋顶，只能采用手动绘制的方法。单击【直线】按钮 ✏，绘制一竖直直线，再将此直线旋转 27°，如图 9-159 所示。

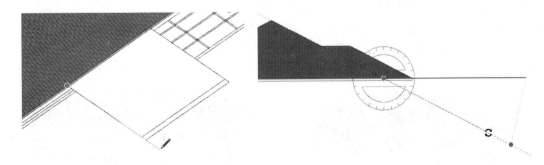

图 9-159 绘制并旋转直线

⑤ 绘制竖直直线，然后删除多余斜线，将斜线进行平移复制，如图 9-160 所示。

⑥ 创建完屋顶后创建组，并与墙体拼合在一起，进行一些细节调整，如图 9-161、图 9-162、图 9-163 所示。

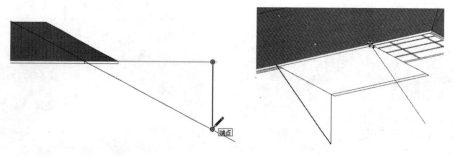

图 9-160　复制斜线

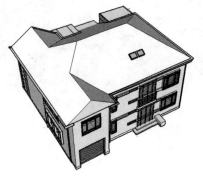

图 9-161　围合效果

图 9-162　建筑效果

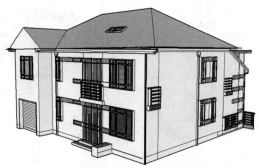

图 9-163　别墅效果

9.2.3　填充建筑材质

为建好的别墅模型填充相应的材质，并为别墅绘制一个地面，填充地砖材质。

① 单击【颜料桶】按钮 ，为屋顶填充材质，如图 9-164 所示。

② 填充墙体为面砖材质，如图 9-165 所示。

图 9-164　为屋顶填充材质

图 9-165　为墙体填充材质

③ 填充门材质，如图 9-166 所示。

④ 在底部绘制一个大的地面，如图 9-167 所示。

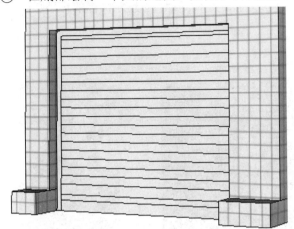

图 9-166 为门填充材质

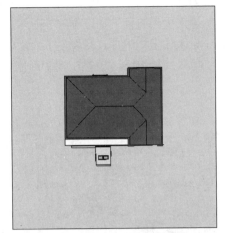

图 9-167 绘制地面

⑤ 单击【矩形】按钮 █，绘制一个路面，如图 9-168 所示。

⑥ 单击【偏移】按钮 ，将路面向外偏移一定距离，单击【推/拉】按钮 ，拉出一定高度，如图 9-169，图 9-170 所示。

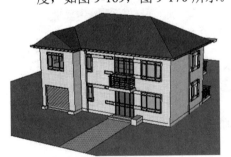

图 9-168 绘制路面

图 9-169 偏移复制面

⑦ 单击【矩形】按钮 █ 和【推/拉】按钮 ，制作出如图 9-171 所示的效果。

图 9-170 推拉效果 1

图 9-171 推拉效果 2

⑧ 为地面填充混凝土材质，为路面填充地拼砖材质，如图 9-172 所示。

图 9-172 填充效果

9.2.4　导入室内外组件

为创建好的别墅模型导入一些人物、植物、水池、栏杆等组件，使它周围的环境更生动。

① 导入大门组件，如图 9-173 所示。

② 导入休闲椅组件，如图 9-174 所示。

③ 导入灯柱组件，放置在别墅周围，如图 9-175 所示。

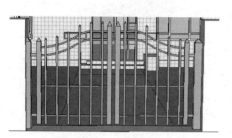
图 9-173　导入大门组件

图 9-174　导入休闲椅组件

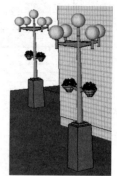
图 9-175　导入灯柱组件

④ 导入秋千和喷水池组件，如图 9-176，图 9-177 所示。

⑤ 导入人物组件，如图 9-178 所示。

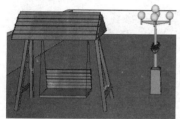
图 9-176　导入秋千组件

图 9-177　导入喷水池组件

图 9-178　导入人物组件

9.2.5　添加场景页面

为别墅模型创建 3 个场景页面，方便浏览模型，并导出图片为后期处理做准备。

① 选择【窗口】|【场景】命令，单击【添加场景】按钮⊕，创建【场景号 1】，如图 9-179、图 9-180 所示。

图 9-179　创建【场景号 1】

图 9-180　【场景号 1】效果图

② 单击【添加场景】按钮⊕，创建【场景号 2】，如图 9-181、图 9-182 所示。

③ 单击【添加场景】按钮⊕，创建【场景号 3】，如图 9-183、图 9-184 所示。

图 9-181　创建【场景号 2】　　　　　　图 9-182　【场景号 2】效果图

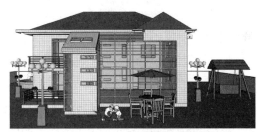

图 9-183　创建【场景号 3】　　　　　　图 9-184　【场景号 3】效果图

④ 选择【文件】|【导出】|【二维图形】命令，依次导出 3 个场景，如图 9-185、图 9-186 所示。

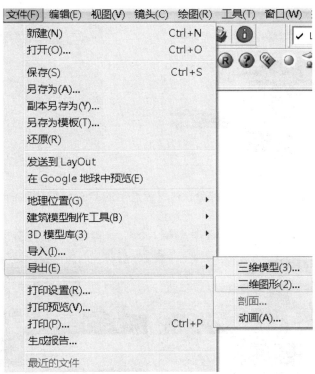

图 9-185　文件导出

图 9-186　输出图片

9.2.6　后期处理

运用 Photoshop 软件进行后期处理，使场景呈现更完美的效果。

① 启动 Photoshop 软件，打开图片，如图 9-187 所示。

② 双击图层进行解锁，如图 9-188 所示。

图 9-187　打开图片

图 9-188　图层解锁

③ 选择【魔术棒工具】，选中白色部分，利用键盘上的 Delete 键删除白色区域，如图 9-189、图 9-190 所示。

图 9-189　选中白色区域

图 9-190　删除白色区域效果

④ 导入背景图片，并将其拖动到【图层 0】中，然后调整图层顺序，如图 9-191、图 9-192 所示。

图 9-191 导入背景图片

图 9-192 调整图层顺序

⑤ 调整图片大小，进行组合，如图 9-193 所示。

⑥ 选择【裁剪工具】，将多余的部分剪掉，如图 9-194、图 9-195 所示。

图 9-193 组合图片

图 9-194 裁剪多余的部分

图 9-195 裁剪效果

⑦ 调整【图层 0】的亮度，并合并图层，如图 9-196、图 9-197 所示。

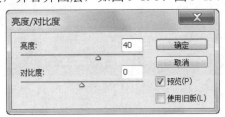

图 9-196 调整亮度

图 9-197　合并图层

⑧　利用同样的方法处理另外两张图片，最终效果如图 9-198、图 9-199、图 9-200 所示。

图 9-198　最终效果 1

图 9-199　最终效果 2

图 9-200　最终效果 3

CHAPTER 10

室内装饰设计案例

本章导读

本章主要介绍 SketchUp 在室内设计中的应用。首先创建一个室内模型，然后对室内空间进行装修设计。

学习要点

- ☑ 设计解析
- ☑ 方案实施
- ☑ 建模流程

扫码看视频

10.1 设计解析

源文件：\Ch10\室内平面设计图 2.dwg，以及相应组件
结果文件：\Ch10\现代室内装修设计\
视频：\Ch10\室内装饰设计.wmv

本节以一张 AutoCAD 室内平面图纸为例，介绍如何将一张室内平面图迅速创建为一张室内模型效果图。

该室内户型属于两室一厅的小户型，建筑面积为 72.3 ㎡，使用面积为 53.5 ㎡。整个室内空间包括主卧、次卧、客厅、阳台、卫生间、厨房 6 个部分，其中客厅和餐厅相通，所以在设计过程中要尽量利用空间进行模型的创建。

此次室内设计风格以简约温馨、现代时尚为主，非常适合现代都市白领人群居住。整个空间以绿色为主色调。为客厅制作了简单的装饰墙和装饰柜，对室内各个房间采用不同的壁纸和瓷砖材质进行填充，还导入了一些室内家具及装饰组件为其添加不同的效果，最后进行了室内渲染和后期处理，使室内效果更加完美。如图 10-1、图 10-2、图 10-3 所示为室内建模效果，如图 10-4、图 10-5、图 10-6 所示为后期渲染效果，操作流程如下：

图 10-1　建模效果 1

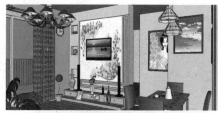

图 10-2　建模效果 2

图 10-3　建模效果 3

图 10-4　后期效果 1

图 10-5　后期效果 2

图 10-6　后期效果 3

① 在 AutoCAD 软件里整理平面图纸。

② 导入图纸。

③ 创建模型。

④ 填充材质。

⑤ 导入组件。

⑥ 添加场景。

⑦ 导出图像。

⑧ 后期处理。

⑨ 室内渲染。

10.2 方案实施

首先在 AutoCAD 里对图纸进行清理，然后将其导入到 SketchUp 中进行描边封面。

10.2.1 整理 AutoCAD 图纸

AutoCAD 平面设计图纸里含有大量的文字、图层、线和图块等信息，如果直接导入到 SketchUp 中，会增加建模的复杂性，所以一般先在 AutoCAD 软件里进行处理，将多余的线删除，使设计图纸简单化，如图 10-7 所示为室内平面原图，如图 10-8 所示为简化图。

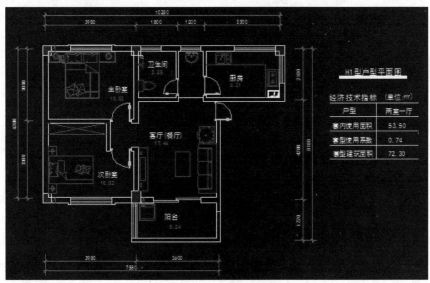

图 10-7 AutoCAD 原图

① 在 AutoCAD 命令行里输入 PU，按 Enter 键结束操作，对简化后的图纸进行进一步清理，如图 10-9 所示。

② 单击 全部清理(A) 按钮，弹出如图 10-10 所示的【清理】对话框，选择【清理所有项目】选项，直到【全部清理】按钮变成灰色状态，即清理完成，如图 10-11 所示。

③ 在 SketchUp 里先优化一下场景，选择【窗口】|【模型信息】命令，弹出【模型信息】对话框，参数设置如图 10-12 所示。

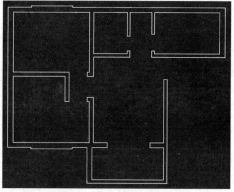

图 10-8　AutoCAD 简化图

图 10-9　【清理】对话框

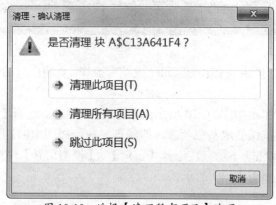

图 10-10　选择【清理所有项目】选项

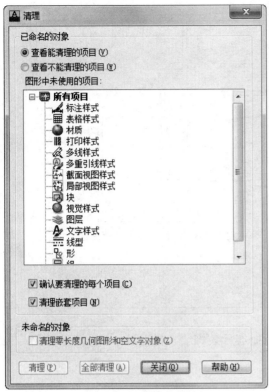

图 10-11 清理完成

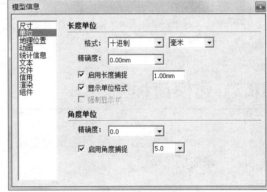

图 10-12 设置单位

10.2.2 导入图纸

将 AutoCAD 图纸导入到 SketchUp 中，并以线框形式显示。

① 选择【文件】|【导入】命令，弹出【打开】对话框，将"文件类型"设置为【AutoCAD 文件（*.dwg）】，选择【室内平面设计图 2.dwg】，如图 10-13 所示。

② 单击 选项(P)... 按钮，将【单位】改为【毫米】，单击 确定 按钮，最后单击 打开(0) 按钮，即可导入 AutoCAD 图纸，如图 10-14 所示。

图 10-13 导入图纸

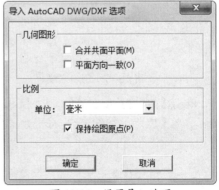

图 10-14 设置导入选项

③ 如图 10-15 所示为导入结果。

④ 单击 关闭 按钮，导入到 SketchUp 中的 AutoCAD 图纸是以线框的形式显示的，如图 10-16 所示。

图 10-15　查看导入结果

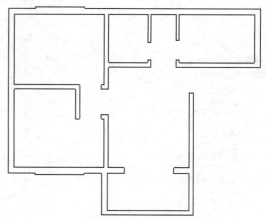

图 10-16　以线框形式显示图形

10.3　建模流程

参照图纸创建模型，包括创建室内空间、绘制客厅装饰墙、制作阳台，再填充材质、导入组件、添加场景页面。

10.3.1　创建室内空间

为导入的图纸线条创建封闭面，快速建立空间模型。

① 单击【直线】按钮 ✏，连接断掉的线条，使它形成一个封闭面，如图 10-17、图 10-18 所示。

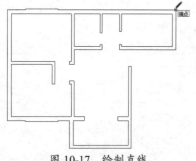

图 10-17　绘制直线

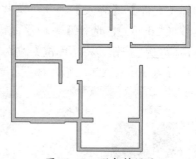

图 10-18　形成封闭面

② 单击【推/拉】按钮 ◆，向上推 3200mm，形成一个室内空间，如图 10-19 所示。

③ 单击【擦除】按钮 ◢，将多余的线条删除，如图 10-20 所示。

图 10-19　推拉出墙体

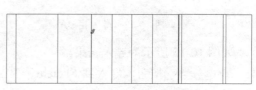

图 10-20　删除多余线条

④ 单击【矩形】按钮■，将室内地面封闭，如图 10-21、图 10-22 所示。

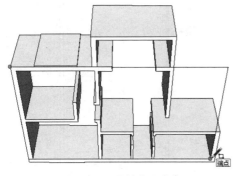

图 10-21 绘制地面线条

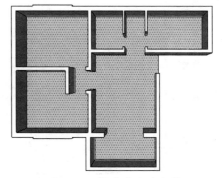

图 10-22 完成地面的绘制

10.3.2 绘制装饰墙

在客厅背景墙处绘制一个简单的装饰墙，使室内客厅更加丰富。

① 单击【矩形】按钮■，在墙面上绘制矩形，如图 10-23、图 10-24 所示。

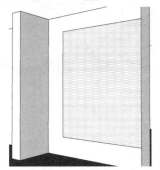

图 10-23 绘制大矩形

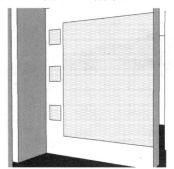

图 10-24 绘制小矩形

② 单击【推/拉】按钮▲，将矩形面分别向里推 50mm、100mm，如图 10-25 所示。

③ 单击【直线】按钮✎，绘制出如图 10-26 所示的封闭面。

图 10-25 反向推拉矩形面

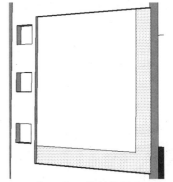

图 10-26 绘制封闭面

④ 单击【偏移】按钮♂，向里偏移复制面，如图 10-27 所示。

⑤ 单击【推/拉】按钮▲，分别向里和向外推拉，如图 10-28 所示。

⑥ 单击【直线】按钮✎，分割一个面，如图 10-29 所示。

⑦ 单击【推/拉】按钮▲，向外拉 500mm，如图 10-30 所示。

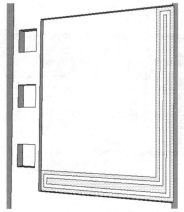

图 10-27　偏移复制面

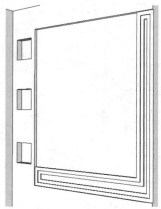

图 10-28　推拉效果

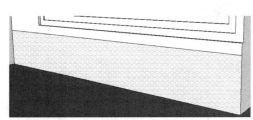

图 10-29　绘制直线分割一个面

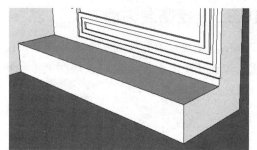

图 10-30　推拉效果

⑧ 单击【直线】按钮✏，沿中心点绘制直线以分割面，如图 10-31、图 10-32 所示。

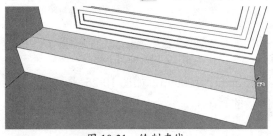

图 10-31　绘制直线

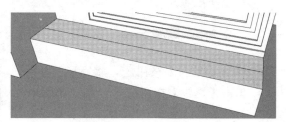

图 10-32　分割面

⑨ 单击【推/拉】按钮❖，向下推拉分割的面，如图 10-33 所示。

⑩ 单击【矩形】按钮▦，绘制 3 个矩形面，如图 10-34 所示。

图 10-33　推拉分割的面

图 10-34　绘制 3 个矩形面

⑪ 单击【圆形】按钮●，在矩形面上绘制几个圆形，如图 10-35 所示。

⑫ 单击【推/拉】按钮❖，分别将矩形面和圆形面向外推拉，形成抽屉效果，如图 10-36 所示。

⑬ 装饰墙效果如图 10-37 所示。

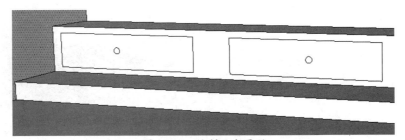

图 10-35   绘制几个圆形

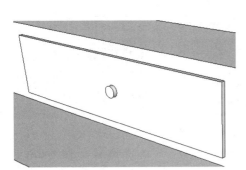

图 10-36   推拉出抽屉

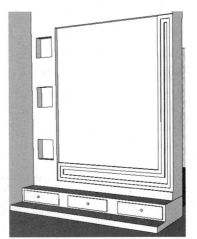

图 10-37   最终的装饰墙建模效果

10.3.3   绘制阳台

单独推拉出阳台效果，并利用建筑插件快速创建阳台栏杆。

① 单击【直线】按钮 ✐，绘制直线以分割面，如图 10-38 所示。

② 单击【推/拉】按钮 ♦，向下拉出一定的距离，如图 10-39 所示。

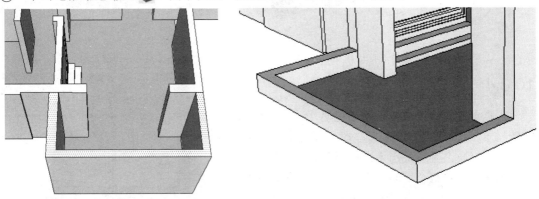

图 10-38   绘制直线以分割面   图 10-39   向下拉出一定距离

③ 安装并启动 SuAPP 建筑插件，如图 10-40 所示，选中样条的一条边线，如图 10-41 所示。

技巧提示：

SuAPP 3.3 建筑插件基础版是一款永久免费的建筑插件，可以到其官网中下载：http://www.suapp.me/。安装时选择离线版安装即可。关于 SuAPP3.3 专业版，在本书前言中有详细的下载及安装提示。

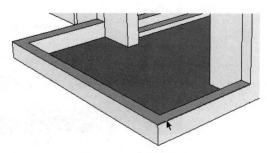

图 10-40　启动建筑插件　　　　　　　　　　　图 10-41　选择模型边

④ 单击【创建栏杆】按钮 ▥，在【栏杆构件】和【栏杆参数】对话框中设置栏杆参数，创建阳台栏杆，如图 10-42、图 10-43、图 10-44 所示。

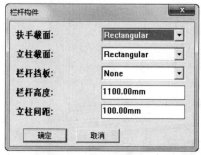

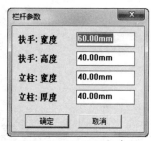

图 10-42　设置栏杆构件参数　　　图 10-43　设置栏杆参数　　　图 10-44　创建的栏杆

⑤ 依次选中其他边线，创建阳台栏杆，如图 10-45、图 10-46 所示。

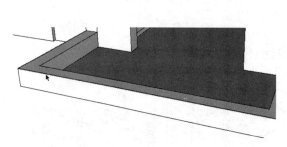

图 10-45　选择其他边线　　　　　　　　　　　图 10-46　创建栏杆

10.3.4　填充材质

根据不同的场景填充合适的材质，例如，客厅采用地砖材质，墙面采用壁纸材质，厨房和卫生间采用一般的地拼砖材质，卧室采用木地板材质。

① 为了方便对每个房间填充材质，单击【直线】按钮 ✏️，分割面，如图 10-47 所示。

② 在【材料】面板中选择地砖材质（SketchUp 材质【地拼砖】类型中的【Floor Tile (23)】）填充客厅，可在【编辑】选项卡中适当调整材质尺寸，如图 10-48、图 10-49 所示。

③ 为阳台填充合适的材质，如图 10-50、图 10-51 所示。

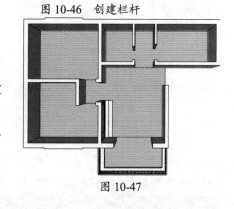

图 10-47

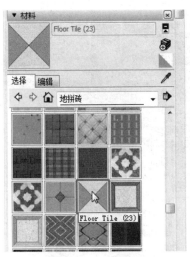

图 10-48　选择材质

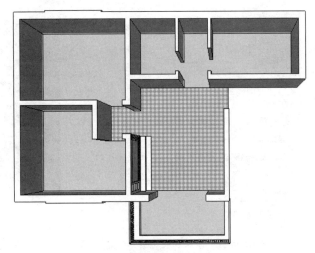

图 10-49　为客厅地面填充材质

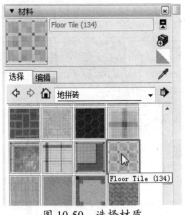

图 10-50　选择材质

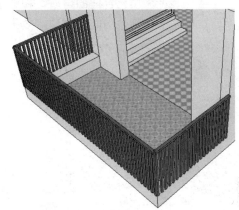

图 10-51　为阳台地面填充材质

④　为卫生间、厨房填充合适的材质，如图 10-52、图 10-53 所示。

图 10-52　选择地拼砖材质

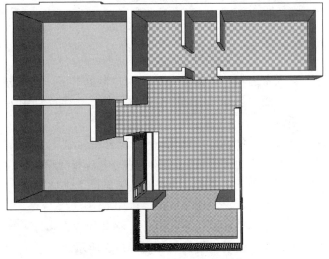

图 10-53　为厨房地面填充材质

⑤　为卧室地面填充木地板材质，如图 10-54、图 10-55 所示。

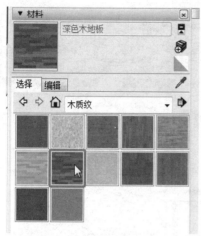

图 10-54　选择木地板材质

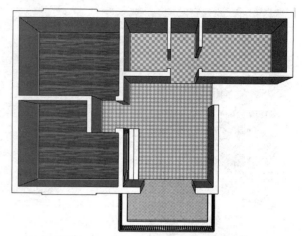

图 10-55　为卧室地面填充木地板材质

⑥　为客厅装饰墙填充合适的材质，如图 10-56 所示。

⑦　依次填充室内其他房间的材质，效果如图 10-57 所示。

图 10-56　为客厅装饰墙填充材质

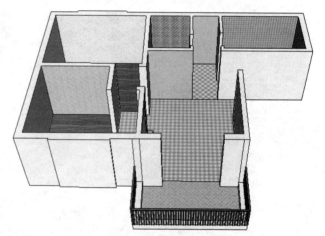

图 10-57　材质填充完成的效果

10.3.5　导入组件

导入室内组件，让室内空间的内容更丰富，这部分是建模中很重要的部分。

①　在桌面上启动 SketchUp 软件。将本例源文件中的【电视】组件模型打开，如图 10-58 所示。

②　在新的软件窗口中按 Ctrl+C 组合键复制电视与音箱模型，然后切换到本例室内模型的软件窗口中进行粘贴，将粘贴的电视和音箱组件摆设好，如图 10-59 所示。

③　同理，在新软件窗口中打开【装饰品】组件模型，然后复制并粘贴到室内模型的软件窗口中摆设好，如图 10-60、图 10-61 所示。

④　复制并粘贴沙发和茶几组件，将其摆放在客厅，如图 10-62 所示。

⑤　复制并粘贴餐桌组件，如图 10-63 所示。

⑥　给阳台添加推拉玻璃门，并将上方的墙封闭，如图 10-64 所示。

⑦　复制并粘贴窗帘组件，如图 10-65 所示。

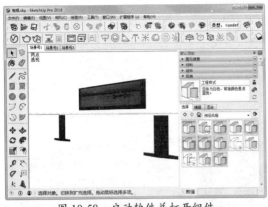

图 10-58　启动软件并打开组件

图 10-59　复制并粘贴电视和音箱组件

图 10-60　复制并粘贴装饰品组件

图 10-61　复制并粘贴其他装饰品组件

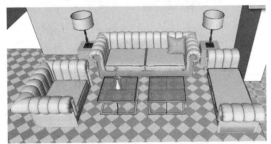

图 10-62　复制并粘贴沙发和茶几组件

图 10-63　复制并粘贴餐桌组件

图 10-64　添加推拉玻璃门组件

图 10-65　复制并粘贴窗帘组件

⑧ 复制并粘贴装饰画组件，如图 10-66、图 10-67 所示。

图 10-66 复制并粘贴装饰画组件 1

图 10-67 复制并粘贴装饰画组件 2

⑨ 单击【矩形】按钮█，为室内空间封闭顶面，如图 10-68、图 10-69 所示。

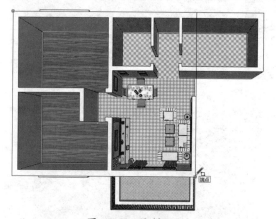

图 10-68 绘制矩形

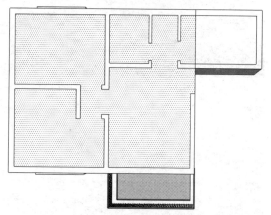

图 10-69 完成屋顶封闭

⑩ 最后为客厅和餐厅复制并粘贴吊灯和射灯组件，如图 10-70、图 10-71 所示。

图 10-70 复制并粘贴吊灯组件

图 10-71 复制并粘贴射灯组件

10.3.6 添加场景页面

本节为客厅和餐厅创建 3 个室内场景，方便浏览室内空间。

① 选择【相机】|【两点透视】命令，设置两点透视效果，调整好视图角度和相机位置，如图 10-72 所示。

图 10-72 调整视图

② 在【场景】面板中单击【添加场景】按钮⊕，创建【场景号 1】，如图 10-73 所示。

图 10-73 创建【场景号 1】

③ 单击【添加场景】按钮⊕，创建【场景号 2】，如图 10-74、图 10-75 所示。

图 10-74 调整视图

图 10-75 创建【场景号 2】

④ 单击【添加场景】按钮⊕，创建【场景号 3】，如图 10-76、图 10-77 所示。

图 10-76 调整视图

图 10-77 创建【场景号 3】

CHAPTER 11

园林景观设计案例

本章导读

在园林设计中应用 SketchUp，能模拟环境配置，能将地形、路面、水体、植物等准确地表现出来，使它成为一个直观的设计呈现给客户，表现形式非常灵活且实用。

扫码看视频

11.1 古典园林设计案例

源文件：\Ch11\古典园林设计图.dwg 及古典园林组件
结果文件：\Ch11\古典园林设计.skp
视频：\Ch11\古典园林设计.wmv

本节建立一个小区住宅园林，整个园林由花草地面、石子铺路、荷花水池和不同植物组成，其中亭子最具有古典气息，整个园林具有中国风，让小区住户在繁忙的工作、生活之余享受这优美的环境，还能感受古典文化底蕴。如图 11-1、图 11-2、图 11-3 所示为建模效果，如图 11-4、图 11-5、图 11-6 所示为后期处理效果。操作流程如下：

图 11-1 建模效果 1

图 11-2 建模效果 2

图 11-3 建模效果 3

图 11-4 后期效果 1

图 11-5 后期效果 2

图 11-6 后期效果 3

① 在 AutoCAD 软件中整理平面图纸。
② 将平面图纸导入到 SketchUp 中创建模型。
③ 填充材质。
④ 导入组件。
⑤ 添加场景。
⑥ 后期处理。

11.1.1 整理 AutoCAD 图纸

AutoCAD 平面设计图纸中含有大量的文字、图层、线、图块等信息，如果直接将其导入到 SketchUp 中，会增加建模的复杂性，所以一般先在 AutoCAD 软件里进行处理，将多余

的元素删掉，使设计图纸简单化，如图 11-7、图 11-8 所示为室内平面原图和简化图效果。

图 11-7　原图

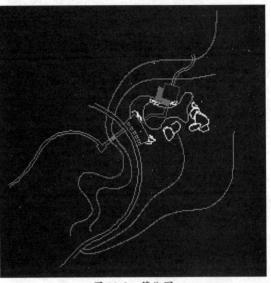

图 11-8　简化图

① 在 AutoCAD 命令栏里输入 PU，按 Enter 键结束命令，对简化后的图纸进行进一步清理，如图 11-9 所示。

② 单击 按钮，弹出如图 11-10 所示的对话框，选择【清理所有项目】选项，直到【全部清理】按钮变成灰色状态，即清理完图纸，如图 11-11 所示。

图 11-9　【清理】对话框

图 11-10　选择【清理所有项目】选项

③ 在 SketchUp 中选择【窗口】|【模型信息】命令，弹出【模型信息】对话框，设置场

景单位，如图 11-12 所示。

图 11-11　完成清理

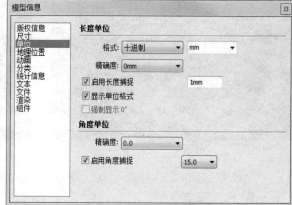

图 11-12　设置场景单位

11.1.2　导入图纸

导入 AutoCAD 图纸，将线条进行连接，创建封闭面，对单独创建的模型要单独封面。

① 选择【文件】|【导入】命令，弹出【打开】对话框，导入图纸，将【文件类型】设置为【AutoCAD 文件（*.dwg）】，如图 11-13 所示。

② 单击【选项】按钮，设置【单位】为【毫米】，单击【打开】按钮，即可导入 AutoCAD 图纸，如图 11-14 所示。

图 11-13　【打开】对话框

图 11-14　设置单位

③ 导入的图纸以线框的形式显示，如图 11-15 所示。

④ 单击【直线】按钮，连接导入图纸的线条，形成一个封闭面，如图 11-16 所示。

⑤ 对要单独创建模型的面进行单独描线以封闭面，如图 11-17 所示。

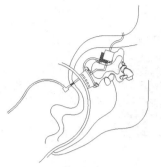
图 11-15　以线框的形式显示图纸

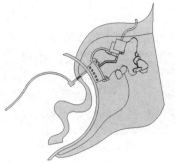
图 11-16　封闭面 1

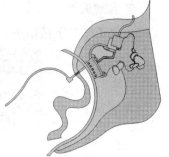
图 11-17　封闭面 2

11.1.3　创建模型

参照图纸，创建石头、水池、廊桥，并制作石梯。

1. 创建石头和水池

① 选中水池面，单击【推/拉】按钮 ◈，向下拉 1000mm，如图 11-18、图 11-19 所示。

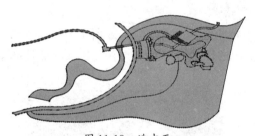
图 11-18　选中面

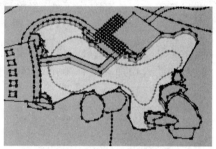
图 11-19　推拉面

② 将水池多余的线条删除，效果如图 11-20 所示。

③ 单击【推/拉】按钮 ◈，对石头面分别进行推拉，高度自由设定，推拉出层次，如图 11-21、图 11-22 所示。

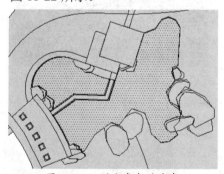
图 11-20　删除多余的线条

图 11-21　推拉石头 1

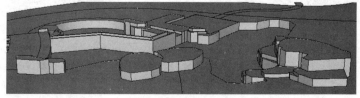
图 11-22　推拉石头 2

2. 创建廊桥

① 单击【推/拉】按钮 ，将廊桥面向上推 500mm，如图 11-23 所示。

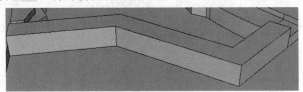

图 11-23 推出廊桥面

② 单击【偏移】按钮 ，向里偏移复制 150mm，如图 11-24 所示。

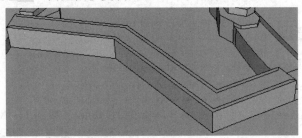

图 11-24 偏移复制面

③ 单击【推/拉】按钮 ，将偏移复制的面向下拉 500mm，如图 11-25 所示。

④ 将两边的入口面删除，单击【直线】按钮 ，进行封闭，形成一个路面，如图 11-26、图 11-27 所示。

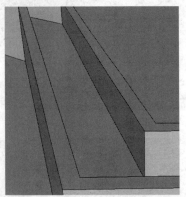 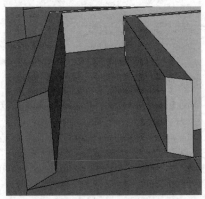

图 11-25 推拉复制偏移的面   图 11-26 绘制路面

⑤ 单击【圆】按钮 ，绘制一个半径为 40mm 的圆，再单击【推/拉】按钮 ，向上推 200mm，如图 11-28 所示。

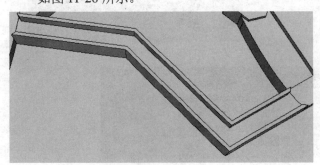 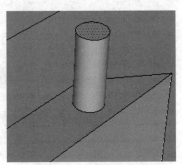

图 11-27 绘制路面   图 11-28 推出圆柱体

⑥　依次推出两边转角处的圆柱体，如图 11-29 所示。

⑦　绘制球体，将其放置到圆柱体上，做成一个灯的效果，如图 11-30、图 11-31 所示。

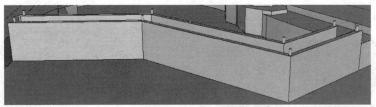

图 11-29　两边转角处的圆柱体

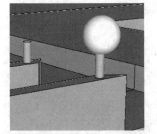

图 11-30　将球体放置到圆柱体上

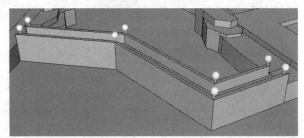

图 11-31　完成的灯效果

3. 创建其他模型

①　如图 11-32 所示为前面绘制的矩形面。

②　单击【推/拉】按钮 ✦，推拉出如图 11-33 所示的石梯效果。

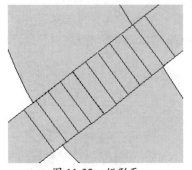

图 11-32　矩形面

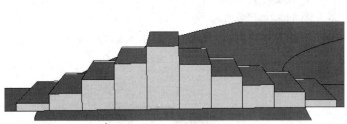

图 11-33　石梯效果

③　将多余的网格线删除，效果如图 11-34 所示。

④　单击【推/拉】按钮 ✦，向上推 200mm，如图 11-35 所示。

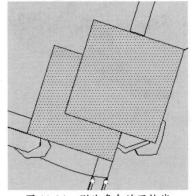

图 11-34　删除多余的网格线

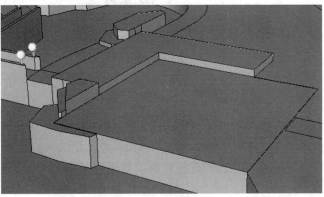

图 11-35　推拉效果

⑤ 单击【推/拉】按钮 ◈，将矩形面推拉 200mm，如图 11-36 所示。

⑥ 单击 ◈ 按钮，向里偏移复制 150mm，并且使用【推/拉】工具向下拉 100mm，如图 11-37、图 11-38、图 11-39 所示。

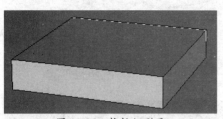

图 11-36　推拉矩形面

图 11-37　偏移复制面

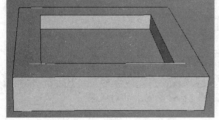

图 11-38　推拉效果

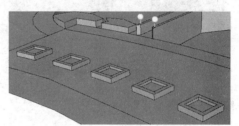

图 11-39　全部推拉效果

11.1.4　填充材质

为创建的模型填充相应的材质，可以自己填充喜欢的材质，不必与本实例一样。

① 单击【材质】按钮 ◈，在【材料】面板中选择相应的材质来填充花草和草坪材质，如图 11-40 所示。

② 接着填充铺路的石子材质，如图 11-41 所示。

图 11-40　填充花草和草坪效果

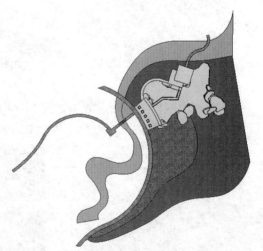

图 11-41　填充铺路的石子效果

③ 再填充石头材质，效果如图 11-42、图 11-43 所示。

④ 最后填充水地和廊桥材质，效果如图 11-44、图 11-45 所示。

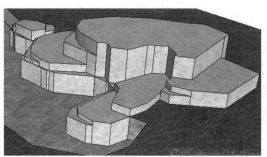

图 11-42 填充石头材质效果 1

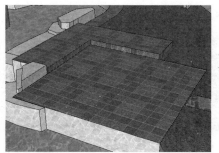

图 11-43 填充石头材质效果 2

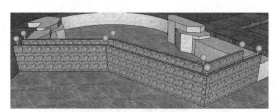

图 11-44 填充水地和廊桥材质效果 1

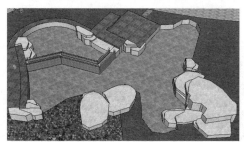

图 11-45 填充水地和廊桥材质效果 2

11.1.5 添加组件

导入亭子、人物、植物组件，还添加了小区住宅组件，将整个园林置于住宅中，使场景更加丰富多彩。

① 导入亭子组件，如图 11-46 所示。

② 导入人物组件，如图 11-47、图 11-48 所示。

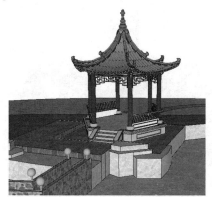

图 11-46 导入亭子组件

图 11-47 导入人物组件 1

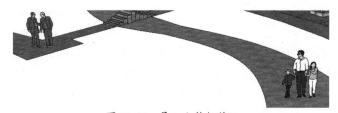

图 11-48 导入人物组件 2

③ 导入植物和花组件，如图 11-49、图 11-50、图 11-51 所示。

图 11-49　导入植物组件 1

图 11-50　导入植物组件 2

④ 添加组件完毕，如图 11-52 所示。

图 11-51　导入花组件

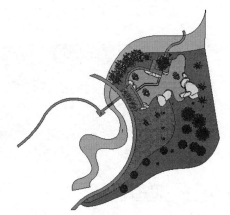
图 11-52　添加组件完毕的效果

⑤ 将模型创建成组，绘制一个大的地面，如图 11-53 所示。

⑥ 导入小区住宅组件，如图 11-54 所示。

图 11-53　绘制地面

图 11-54　导入小区住宅组件

11.1.6　添加场景

调整好角度，为园林创建 3 个场景，方便浏览观看，并方便后期导出进行后期处理。

① 选择【窗口】|【默认面板】|【场景】命令，在【场景】面板中单击【添加场景】按钮 ⊕，
创建【场景号 1】，如图 11-55、图 11-56 所示。

② 创建【场景号 2】，如图 11-57、图 11-58 所示。

③ 创建【场景号 3】，如图 11-59、图 11-60 所示。

图 11-55 添加【场景号 1】

图 11-56 创建的【场景号 1】

图 11-57 添加【场景号 2】

图 11-58 创建的【场景号 2】

图 11-59 添加【场景号 3】

图 11-60 创建的【场景号 3】

④ 选择【文件】|【导出】|【二维图形】命令，导出 3 个场景的图片，如图 11-61、图 11-62 所示。

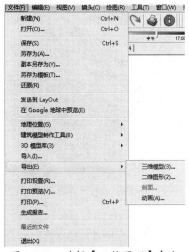

图 11-61 选择【二维图形】命令

图 11-62 导出场景图片

11.1.7　后期处理

对导出的 3 张图片进行后期处理，主要运用 Photoshop 软件，使场景看起来更加丰富多彩。

① 启动 Photoshop 软件，打开图片，如图 11-63 所示。

② 双击图层进行解锁，如图 11-64 所示。

图 11-63　打开图片　　　　　　　　　　　　　图 11-64　解锁图层

③ 利用【魔术棒工具】选中白色部分，删除白色区域，如图 11-65、图 11-66 所示。

图 11-65　选中白色区域　　　　　　　　　　　图 11-66　删除白色区域

④ 导入背景图片，调整图层顺序，将背景放置在底层，如图 11-67、图 11-68 所示。

图 11-67　背景图片　　　　　　　　　　　　　图 11-68　调整图层顺序

⑤ 调整两张图片的大小和位置，如图 11-69 所示。

⑥ 调整亮度和色彩，利用同样的方法处理另外两张图片，最终效果如图 11-70、图 11-71、图 11-72 所示。

图 11-69　调整图片大小和位置

图 11-70　效果 1

图 11-71　效果 2

图 11-72　效果 3

11.2　园林式游园设计案例

源文件：\Ch11\游园设计平面图.dwg 及游园组件

结果文件：\Ch11\游园园林设计.skp

视频：\Ch11\游园园林设计.wmv

　　本节建立一个小型园林式游园。该游园是一个规则式小游园，整个游园主要包括广场、儿童娱乐区、老年活动区 3 部分。喷泉、水池、花坛、假山可供人们欣赏，石凳、亭子可供人们休息，儿童娱乐区和老年活动区配有常用的娱乐和健身器材，供孩子玩乐和老年人锻炼身体。该游园前后都是住宅小区，人口比较密集，所以具有较多的出入口，以预防人流拥挤，园内配有园林灯，而且植物种类繁多，无论是白天还是晚上，都为游园营造了一个舒适的自然环境，不仅可以让游人多观赏景色，而且更能享受生活。如图 11-73、图 11-74 所示为建模效果，如图 11-75、图 11-76 所示为后期处理效果。操作流程如下：

图 11-73　建模效果 1

图 11-74　建模效果 2

图 11-75　后期效果 1

图 11-76　后期效果 2

① 先在 AutoCAD 软件里整理平面图纸。

② 将 AutoCAD 平面图纸导入到 SketchUp 中创建模型。

③ 填充材质。

④ 导入组件。

⑤ 添加场景。

⑥ 后期处理。

11.2.1 整理 AutoCAD 图纸

在 AutoCAD 软件中将多余的线条删除，然后使用 PU 命令，对图纸进行清理，如图 11-77、图 11-78 所示分别为原图及清理后的简化图。

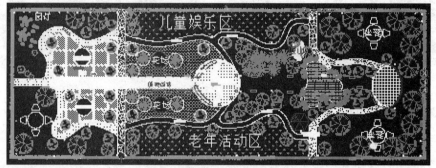

图 11-77　原图

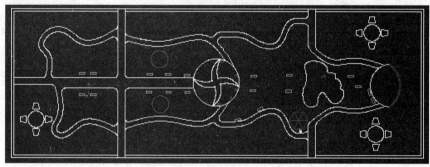

图 11-78　清理后的简化图

11.2.2 导入图纸

导入 AutoCAD 图纸，将线条进行连接，创建封闭面，对单独创建的模型要单独封面。

① 选择【文件】|【导入】命令，弹出【打开】对话框，导入图纸，将【文件类型】设置为【AutoCAD 文件（*.dwg）】，如图 11-79 所示。

② 单击【选项】按钮，设置【单位】为【毫米】，如图 11-80 所示，单击【打开】按钮，即可导入 AutoCAD 图纸。

③ 导入的图纸以线框的形式显示，如图 11-81 所示。

④ 单击【擦除】按钮 🩹，再次对图纸进行清理，将不需要建立模型的线条删除，如图 11-82 所示。

⑤ 单击【直线】按钮 ✏️，使导入的图纸线条形成一个封闭面，如图 11-83 所示。

⑥ 对于要单独创建的模型单独描边封闭面，如图 11-84、图 11-85。

图 11-79 导入图纸文件

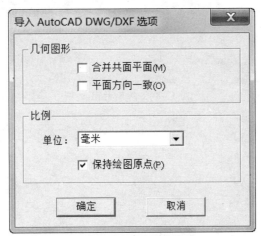

图 11-80 设置单位

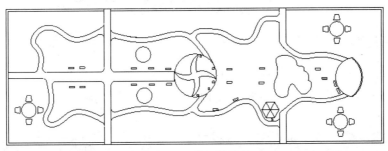

图 11-81 导入的图纸

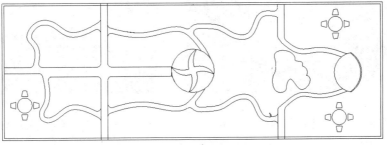

图 11-82 清理结果

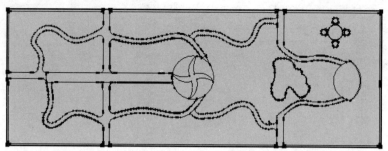

图 11-83　绘制线条形成封闭面

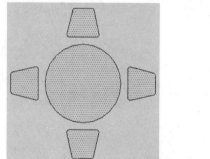 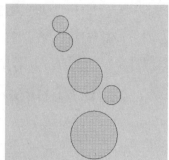

图 11-84　绘制封闭面 1

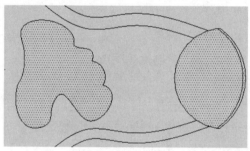

图 11-85　绘制封闭面 2

11.2.3　创建模型

创建小游园石桌、水池、石阶，创建过程较为简单。

① 单击【推/拉】按钮 ，将石桌向上推 10mm，将石凳向上推 5mm，如图 11-86、图 11-87 所示。

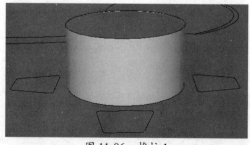 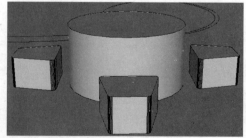

图 11-86　推拉 1　　　　　　　　　　　　图 11-87　推拉 2

② 单击【偏移】按钮 ，将水池边缘向外偏移复制 20mm，单击【推/拉】按钮 ，向下拉 40mm，如图 11-88、图 11-89 所示。

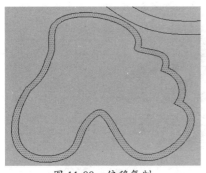

图 11-88　偏移复制

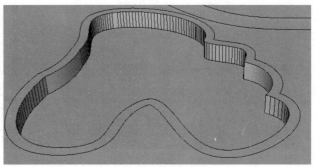

图 11-89　向水池边缘向下拉

③　单击【推/拉】按钮，推拉石阶，如图 11-90 所示。

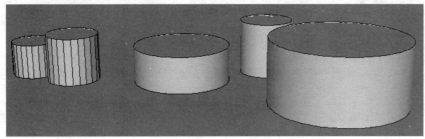

图 11-90　推拉石阶

11.2.4　填充材质

对创建的模型填充相应的材质，可以填充自己喜欢的材质，不必与本实例一样。

①　单击【材质】按钮，在【材料】面板中选择相应的材质来填充路面，如图 11-91、图 11-92 所示。

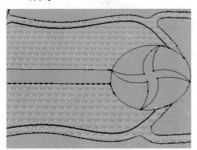

图 11-91　填充路面

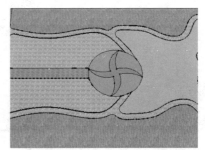

图 11-92　填充花纹装饰

②　填充草坪材质，如图 11-93 所示。

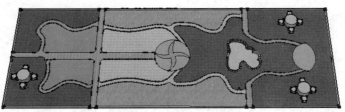

图 11-93　填充草坪材质

③　填充石凳和水池材质，如图 11-94、图 11-95 所示。

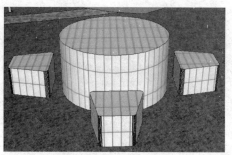

图 11-94　填充石凳材质

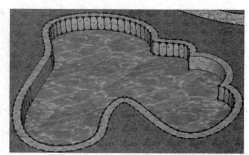

图 11-95　填充水池材质

④　填充石阶材质，如图 11-96 所示。

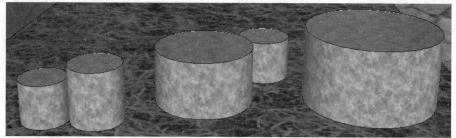

图 11-96　填充石阶材质

11.2.5　添加组件

　　参照图纸，导入组件，按适合的位置进行放置（可自行搜索下载添加组件）。

①　导入假山和亭子组件，如图 11-97、图 11-98 所示。

图 11-97　导入假山组件

图 11-98　导入亭子组件

②　导入景观廊和凳子组件，单击【复制】按钮，复制凳子组件到游园中的各个位置，如图 11-99、图 11-100、图 11-101 所示。

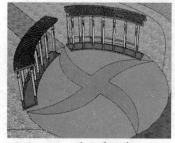

图 11-99　导入景观廊组件

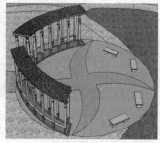

图 11-100　导入凳子组件

图 11-101　移动复制组件

③ 导入花坛和喷泉组件，单击【移动】按钮 ✤，复制组件到合适的位置并进行摆放，如图 11-102、图 11-103 所示。

图 11-102 导入并复制花坛组件

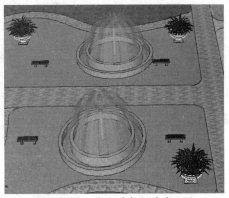

图 11-103 导入并复制喷泉组件

④ 导入园灯组件，单击【复制】按钮，复制组件将其放置到游园中的各个位置，如图 11-104、图 11-105 所示。

图 11-104 导入园灯组件

图 11-105 复制园灯组件

⑤ 在儿童娱乐区和老年活动区导入健身器材组件，如图 11-106、图 11-107 所示。

图 11-106 导入健身器材组件

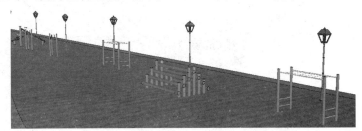

图 11-107 导入其他健身器材组件

⑥ 导入植物和花草组件，单击【复制】按钮，复制组件，如图 11-108、图 11-109、图 11-110、图 11-111 所示。

图 11-108 导入植物组件

图 11-109 复制植物组件

图 11-110　导入花草组件

图 11-111　复制花草组件

⑦　导入人物组件，如图 11-112、图 11-113 所示。

图 11-112　导入人物组件 1

图 11-113　导入人物组件 2

⑧　在游园周围导入绿篱组件，单击【复制】按钮，复制组件，单击【缩放】按钮，对组件进行缩放，如图 11-114、图 11-115 所示。

图 11-114　导入绿篱组件

图 11-115　复制并缩放绿篱组件

⑨　添加组件完毕，建模效果如图 11-116 所示。

图 11-116　最终的游园建模完成效果

11.2.6 添加场景

为创建的游园设置阴影效果，添加 3 个场景页面，方便观看游园效果。

① 在【阴影】工具栏中为游园设置阴影效果，如图 11-117、图 11-118 所示。

图 11-117 设置阴影

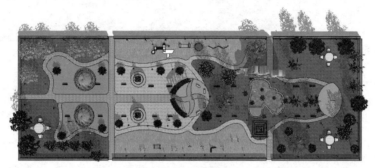

图 11-118 阴影效果

② 在【场景】面板中创建【场景号 1】，如图 11-119、图 11-120 所示。

图 11-119 添加【场景号 1】

图 11-120 创建的【场景号 1】

③ 创建【场景号 2】，如图 11-121、图 11-122 所示。

图 11-121 添加【场景号 2】

图 11-122 创建的【场景号 2】

④ 创建【场景号 3】，如图 11-123、图 11-124 所示。

⑤ 选择【文件】|【导出】|【二维图形】命令，导出 3 个场景图片，如图 11-125 所示。

图 11-123　添加【场景号 3】　　　　图 11-124　创建的【场景号 3】

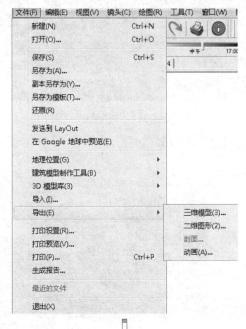

图 11-125　导出图片

11.2.7　后期处理

对导出的 3 张图片进行后期处理，主要运用 Photoshop 软件进行处理，使场景看起来更真实、丰富。

① 启动 Photoshop 软件，打开图片，如图 11-126 所示。

② 双击图层进行解锁，如图 11-127 所示。

图 11-126　打开图片

图 11-127　解锁图层

③ 导入背景图片，将其放置在上层，如图 11-128、图 11-129 所示。

图 11-128　背景图片

图 11-129　调整图层顺序

④ 调整图片大小，设为【混合模式】为【正片叠底】、【不透明度】值为 50%，如图 11-130、图 11-131 所示。

图 11-130　正片叠底

图 11-131　正片叠底效果

⑤ 调整两张图片的亮度和颜色，利用同样的方法处理两个场景，最终效果如图 11-132、图 11-133、图 11-134 所示。

图 11-132　调整亮度和颜色 1

图 11-133　调整亮度和颜色 2

图 11-134　最终图片处理效果